中国特色高水平高职学校项目建设成果

U0292916

焊接结构件的数字化设计

主　编　宫　丽

副主编　王微微　赵忠毓　林彩威

哈尔滨工程大学出版社

Harbin Engineering University Press

内 容 简 介

本教材依据高职智能焊接技术人才培养目标和定位要求,紧密对接特殊焊接技术 1+X 证书的技术标准和考核标准,以常用的焊接结构件类型构建学习领域课程架构。主要内容包括梁柱类焊接结构件设计、座架类焊接结构件设计、容器类焊接结构件设计等 3 个学习情境,下设 9 个工作任务,包括横梁的零件图绘制、横梁的零件模型设计、横梁的装配设计、支座的零件图绘制、支座的零件模型设计、支座的装配设计、压力容器的零件图绘制、压力容器的零件模型设计、压力容器的装配设计。

本教材作为高职智能焊接技术学习用书,是国家职业教育倡导使用的工作手册式教材。本教材也可作为特殊焊接技术 1+X 证书职业技能培训教材,以及供从事特殊焊接技术、焊接工艺评定、焊接产品质量检验的企业技术人员参考使用。

图书在版编目(CIP)数据

焊接结构件的数字化设计 / 宫丽主编. -- 哈尔滨：
哈尔滨工程大学出版社, 2024. 9. -- ISBN 978-7-5661
-4568-0

Ⅰ. TG404

中国国家版本馆 CIP 数据核字第 2024TN0900 号

焊接结构件的数字化设计
HANJIE JIEGOUJIAN DE SHUZIHUA SHEJI

选题策划　雷　霞
责任编辑　唐欢欢
封面设计　李海波

出版发行	哈尔滨工程大学出版社
社　　址	哈尔滨市南岗区南通大街 145 号
邮政编码	150001
发行电话	0451-82519328
传　　真	0451-82519699
经　　销	新华书店
印　　刷	哈尔滨午阳印刷有限公司
开　　本	787 mm×1 092 mm　1/16
印　　张	13.25
字　　数	347 千字
版　　次	2024 年 9 月第 1 版
印　　次	2024 年 9 月第 1 次印刷
书　　号	ISBN 978-7-5661-4568-0
定　　价	47.00 元

http://www.hrbeupress.com
E-mail:heupress@ hrbeu.edu.cn

中国特色高水平高职学校项目建设
系列教材编审委员会

编 写 说 明

　　中国特色高水平高职学校和专业建设计划(简称"双高计划")是我国教育部、财政部为建设一批引领改革、支撑发展、中国特色、世界水平的高等职业学校和骨干专业(群)而实施的重大决策建设工程。哈尔滨职业技术大学(原哈尔滨职业技术学院)入选"双高计划"建设单位,学校对中国特色高水平学校建设项目进行顶层设计,编制了站位高端、理念领先的建设方案和任务书,并扎实地开展人才培养高地、特色专业群、高水平师资队伍与校企合作等项目建设,借鉴国际先进的教育教学理念,开发具有中国特色、符合国际标准的专业标准与规范,深入推动"三教改革",组建模块化教学创新团队,实施课程思政,开展"课堂革命",出版校企双元开发活页式、工作手册式、新形态教材。为适应智能时代先进教学手段应用,学校加强对优质在线资源的建设,丰富教材的载体,为开发以工作过程为导向的优质特色教材奠定基础。按照教育部印发的《职业院校教材管理办法》要求,本系列教材编写总体思路是:依据学校双高建设方案中教材建设规划、国家相关专业教学标准、专业相关职业标准及职业技能等级标准,服务学生成长成才和就业创业,以立德树人为根本任务,融入课程思政,对接相关产业发展需求,将企业应用的新技术、新工艺和新规范融入教材之中。教材编写遵循技术技能人才成长规律和学生认知特点,适应相关专业人才培养模式创新和优化课程体系的需要,注重以真实生产项目以及典型工作任务、生产流程、工作案例等为载体开发教材内容体系,理论与实践有机融合,满足"做中学、做中教"的需要。

　　本系列教材是哈尔滨职业技术大学中国特色高水平高职学校项目建设的重要成果之一,也是哈尔滨职业技术大学教材改革和教法改革成效的集中体现。教材体例新颖,具有以下特色:

　　第一,教材研发团队组建创新。按照学校教材建设统一要求,遴选教学经验丰富、课程改革成效突出的专业教师担任主编,邀请相关企业作为联合建设单位,形成了一支学校、行业、企业和教育领域高水平专业人才参与的开发团队,共同参与教材编写。

　　第二,教材内容整体构建创新。精准对接国家专业教学标准、职业标准、职业技能等级标准,确定教材内容体系;参照行业企业标准,有机融入新技术、新工艺、新规范,构建基于职业岗位工作需要的,体现真实工作任务、流程的内容体系。

　　第三,教材编写模式及呈现形式创新。与课程改革相配套,按照"工作过程系统化""项目+任务式""任务驱动式""CDIO式"四类课程改革需要设计四种教材编写模式,创新新形态、活页式或工作手册式三种教材呈现形式。

　　第四,教材编写实施载体创新。根据专业教学标准和人才培养方案要求,在深入企业调研岗位工作任务和职业能力分析基础上,按照"做中学、做中教"的编写思路,以企业典型工作任务为载体进行教学内容设计,将企业真实工作任务、真实业务流程、真实生产过程纳入教材,开发了与教学内容配套的教学资源,以满足教师线上线下混合式教学的需要。同时,本系列教材配套资源在相关平台上线,可满足学生在线自主学习的需要,学生也可随时下载相应资源。

第五,教材评价体系构建创新。从培养学生良好的职业道德、综合职业能力、创新创业能力出发,设计并构建评价体系,注重过程考核和学生、教师、企业、行业、社会参与的多元评价,在学生技能评价上借助社会评价组织的"1+X"考核评价标准和成绩认定结果进行学分认定,每部教材根据专业特点设计了综合评价标准。为确保教材质量,哈尔滨职业技术大学组建了中国特色高水平高职学校项目建设成果编审委员会。该委员会由职业教育专家组成,同时聘请企业技术专家进行指导。学校组织了专业与课程专题研究组,对教材编写持续进行培训、指导、回访等跟踪服务,建立常态化质量监控机制,为修订、完善教材提供稳定支持,确保教材的质量。

本系列教材在国家骨干高职院校教材开发的基础上,经过几轮修改,融入了课程思政内容和"课堂革命"理念,既具教学积累之深厚,又具教学改革之创新,凝聚了校企合作编写团队的集体智慧。本系列教材充分展示了课程改革成果,力争为更好地推进中国特色高水平高职学校和专业建设及课程改革做出积极贡献!

哈尔滨职业技术大学
中国特色高水平高职学校项目建设系列教材编审委员会
2024 年 6 月

前　　言

　　《焊接结构件的数字化设计》是高职院校智能焊接技术的专业基础课程。本教材根据高职院校智能焊接技术的人才培养目标,遵循高职院校教学改革和课程改革的要求,以企业调研为基础,确定工作任务,明确课程目标,制定课程标准,以能力培养为主线,与企业合作,深入挖掘课程思政元素,共同进行课程的开发和设计。编制本教材的目的是培养学生具备焊接工艺员的职业能力,使其在掌握焊工识图的基础上,还具备焊接结构件数字化的设计能力。

　　教材设计的理念与思路是对接特殊焊接技术"1+X"证书(中级)的技术标准和考核标准,选择典型焊接结构件的数字化设计为主线。以行动任务为导向,以任务驱动为手段,注重理论联系实际,在教学中以培养学生的数字化设计能力为重点,以培养学生实际的分析解决问题的能力为终极目标,使学生在真实的工作过程中得到锻炼。教材采用工作手册式进行设计,将学习者需要使用的任务工单设计成可以自由选取的形式,方便学习者使用。

　　本教材在编写过程中力求突出以下特色:

　　1."岗课赛证"综合育人模式下的工作手册式教材。教材的结构采用"学习情境+工作任务"形式,主要针对装备制造企业,对接企业焊接工艺员和焊工岗位,参考特殊焊接技术"1+X"职业技能等级证书标准和世界技能大赛焊接项目评分标准,通过校企合作,引入企业真实生产任务、真实加工工艺、真实加工流程,共同开发课程教学文件和数字化教学资源,便于教学过程中采取任务驱动教学模式和多元评价方法。

　　2.教材内容融合新技术、新工艺、新标准,包括最新的焊接结构件的数字化设计、焊接工艺和特殊焊接技术"1+X"证书标准。教材以 UG 软件作为设计平台,最新版本的 UG 软件焊接助理模块能够快速设计各类焊缝结构,清晰直观显示焊缝的形式和位置。按照学生职业能力成长规律设计学习情境,由简单到复杂,选择典型的焊接结构件设计任务为主线进行教学。

　　3.教材配套的数字化资源丰富。教材的数字化资源包括微课 12 个、教学课件 21 个、课程标准 1 个、操作视频资源 46 个。图例丰富,清晰直观,便于学生自学。

　　本教材由哈尔滨职业技术大学宫丽同志主编,负责确定编写的体例、统稿工作,并负责学习情境 2 的任务 1、2、3 的编写工作;由哈尔滨电机厂有限公司赵忠毓同志任副主编,负责任务书的实践性和科学性审核工作;哈尔滨职业技术大学王微微同志任副主编,负责学习情境 1 的任务 1、2、3 的编写工作;哈尔滨职业技术大学林彩威同志任副主编,负责学习情境 3 的任务 1、2、3 的编写工作。

在编写本教材的过程中,我们参考、引用和改编了国内外出版物中的相关资料以及网络资源,在此对这些资料的作者表示诚挚的谢意。

　　尽管我们在探索职业教育教材特色方面有了一定的突破,但限于水平,教材中仍可能存在疏漏之处,恳请各相关教学单位和读者在使用本教材时提出宝贵意见,并将反馈及时告知我们,以便修订时改进。

编　　者

2024 年 6 月

目　　录

学习情境 1　梁柱类焊接结构件设计

【学习指南】

【情境导入】

　　某发电设备制造公司的焊接工艺部接到一项钢结构横梁的焊接生产任务。焊接工艺员需要根据横梁的焊接装配图进行零件图绘制,选用数字化设计软件绘制横梁的零部件二维工程图、设计三维模型、装配横梁模型,研讨并制定焊接工艺流程和工艺文件,完成焊缝设计,最终达到焊接装配图纸要求。

【学习目标】

知识目标：

1. 能够准确阐述梁柱类焊接结构件装配图的识读方法；
2. 能够阐述梁柱类焊接结构件零件图的绘制方法；
3. 能够阐述梁柱类焊接结构件三维造型设计方法；
4. 能够阐述梁柱类焊接结构件装配设计方法。

能力目标：

1. 根据焊接装配图纸,识读梁柱类焊接结构件的结构,绘制零部件的二维工程图；
2. 使用 UG NX 软件进行梁柱类焊接结构件三维造型设计；
3. 使用 UG NX 软件进行梁柱类焊接结构件装配设计和焊缝设计。

素质目标：

1. 树立成本意识、质量意识、创新意识,养成勇于担当、团队合作的职业素养；
2. 养成工匠精神、劳动精神、劳模精神,以劳树德,以劳增智,以劳创新。

【工作任务】

任务 1　横梁的零件图绘制	参考学时:课内 2 学时(课外 2 学时)
任务 2　横梁的零件模型设计	参考学时:课内 2 学时(课外 2 学时)
任务 3　横梁的装配设计	参考学时:课内 2 学时(课外 2 学时)

【特殊焊接技术职业技能等级标准】

特殊焊接技术职业技能等级标准

任务1 横梁的零件图绘制

【任务工单】

学习情境1	梁柱类焊接结构件设计	工作任务1	横梁的零件图绘制
任务学时		2学时（课外2学时）	

布置任务

任务目标	1.根据横梁的焊接装配图标题栏和明细表，识读横梁的结构组成； 2.根据横梁的焊接装配图的视图和尺寸信息，识读横梁的整体结构和零部件结构； 3.使用AutoCAD软件，绘制横梁零件的二维工程图； 4.根据横梁的焊接装配图的焊接符号和技术要求，识读横梁的焊接信息
任务描述	横梁是梁柱类焊接结构件，某发电设备制造公司的焊接工艺部接到一项钢结构焊接生产任务，其中横梁是主要结构之一。焊接工艺员需要根据横梁的焊接装配图，识读横梁的整体结构图，使用AutoCAD软件绘制零件图，识读每个零件所用的金属材料、尺寸和规格，分析各部件的焊接接头形式等焊接信息，形成焊接装配图分析报告

学时安排	资讯 0.2学时	计划 0.2学时	决策 0.1学时	实施 1学时	检查 0.2学时	评价 0.3学时

提供资源	1.横梁的焊接装配图； 2.电子教案、课程标准、多媒体课件、教学演示视频及其他共享数字资源； 3.横梁的模型； 4.游标卡尺等工具和量具
对学生学习及成果的要求	1.具备焊接装配图的识读能力； 2.严格遵守实训基地各项管理规章制度； 3.对比焊接装配图与分析报告，分析结构是否正确，尺寸是否准确； 4.每名同学均能按照学习导图自主学习，并完成课前自学的问题训练和自学自测； 5.严格遵守课堂纪律，学习态度认真、端正，能够正确评价自己和同学在本任务中的素质表现； 6.每名同学必须积极参与小组工作，承担识读横梁的结构组成、识读横梁的焊接信息、分析横梁的整体结构和部件结构等工作，做到积极主动不推诿，能够与小组成员合作完成工作任务； 7.每名同学均需独立或在小组同学的帮助下完成任务工作单、分析报告等，并提请检查、签字确认，对提出的建议或有错误务必须及时修改； 8.每组必须完成任务工单，并提请教师进行小组评价，小组成员分享小组评价分数或等级； 9.每名同学均完成任务反思，以小组为单位提交

【学习导图】

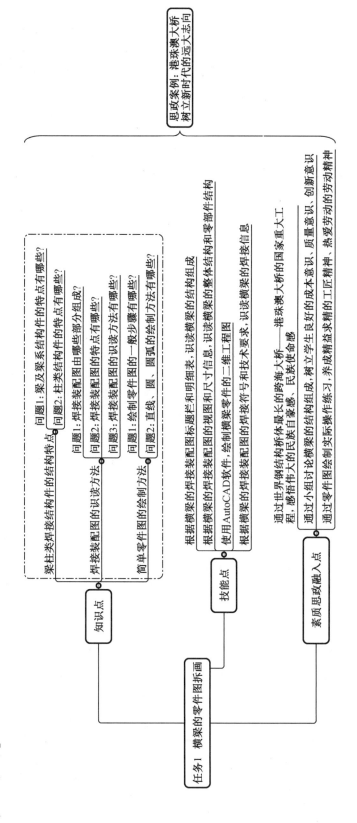

任务1　横梁的零件图拆画

知识点

- 梁柱类焊接结构件的结构特点
  - 问题1：梁及梁系结构件的特点有哪些？
  - 问题2：柱类结构件的特点有哪些？
- 焊接装配图的识读方法
  - 问题1：焊接装配图由哪些部分组成？
  - 问题2：焊接装配图的特点有哪些？
  - 问题3：焊接装配图的识读方法有哪些？
- 简单零件图的绘制方法
  - 问题1：绘制零件图的一般步骤有哪些？
  - 问题2：直线、圆、圆弧的绘制方法有哪些？

技能点

- 根据横梁的焊接装配图标题栏和明细表，识读横梁的结构组成
- 根据横梁的焊接装配图的视图和尺寸信息，识读横梁的整体结构和零部件结构
- 使用AutoCAD软件，绘制横梁零件的二维工程图
- 根据横梁的焊接装配图的焊接符号和技术要求，识读横梁的焊接信息

素质思政融入点

- 通过世界钢结构桥体最长的跨海大桥——港珠澳大桥的国家重大工程，感悟伟大的民族自豪感，民族使命感
- 通过小组讨论横梁的结构组成，树立学生良好的成本意识、质量意识、创新意识
- 通过零件图绘制实际操作练习，养成精益求精的工匠精神，热爱劳动的劳动精神

思政案例：港珠澳大桥　树立新时代的远大志向

**梁柱类焊接结构件
的结构特点**

【课前自学】

知识点1　梁柱类焊接结构件的结构特点

一、梁及梁系结构件的特点

梁及梁系结构件是指在一个或两个平面内受弯矩作用的构件,是焊接结构中最主要的构件之一,是组成各种建筑结构的基础。梁在结构上由型材和板材焊接而成,其中"工"字形和"箱形"截面用得最多。因为腹板的厚度相对于高度而言比较薄,为防止失稳,通常加一些水平和竖直筋板增加刚度。此类结构件的技术要求:长度、高度、宽度尺寸基准选中心平面、端面和底面,不应超差;在长度方向上,轴线的直线度及横向弯曲不应超差;对于梁有时允许有一定的上挠弯曲,扭转强度要求高;焊后要校正和去应力退火,进行无损检验。

一般选用两个或三个基本视图来表达,常以工作位置为主视图,反映主要形状特征,并根据需要增加局部放大图或剖视图表示焊缝尺寸。

二、柱类结构件的特点

柱类结构件是指承受压力或在受压的同时承受纵向弯曲的构件,广泛用于建筑工程结构和机械结构,其结构的断面形状大多为"工"字形、"箱形"等。结构上由型材和板材焊接而成,板材的厚度相对于高度而言比较薄,为防止失稳,通常加一些水平和竖直筋板增加刚度。此类结构件的技术要求:长度、高度、宽度尺寸基准选中心平面、端面和底面,不应超差;扭转强度要求较高;焊后要校正和去应力退火,进行无损检验。

一般选用两个或三个基本视图来表达,常以工作位置为主视图,反映主要形状特征并根据需要增加局部放大图或剖视图表示焊缝。

【国之利器】

搜一搜: 目前世界钢结构桥体最长的跨海大桥——港珠澳大桥,有哪些世界之最? 它的钢结构中梁柱类焊接结构是什么样的? 使用自动化焊接之前,是否需要数字化设计焊接结构?

知识点2　焊接装配图的识读方法

**焊接装配图的
识读方法**

焊接结构是以钢板和各种型钢为主体组成的,表达钢结构的图纸有其特点,掌握了这些特点就容易读懂焊接结构的施工图,从而正确地进行结构件的加工。

焊接装配图是焊接结构生产过程的核心,作为一名焊工,只有全面理解设计者的意图,看懂焊接结构装配图,详细分析图样中有关焊接的技术条件,才能按图样要求完成焊接结构的装配,制造出合格的焊接结构产品。焊接结构装配图是用来表达金属焊接构件的工程图样,它是指导焊接构件的加工、装配、施焊和焊后处理,并能清楚地表达焊接构件的结构形状、接头形式及尺寸、焊缝位置和焊接要求的技术文件。

通常所说的焊接装配图就是指实际生产中的产品零部件或组件的施工图。它与一般装配图的不同在于图中必须清楚地表示与焊接有关的问题,如坡口与接头形式、焊接方法、焊接材料型号和焊接及验收技术要求等。

一、焊接装配图的组成

焊接装配图应包括以下几方面的内容:

(1)一组用于表达焊接件结构形状的视图:能够正确、完整、清晰地表达装配体的工作原理,零件之间的装配关系和零件的结构形状。对于焊接结构装配图来说,不仅包括焊接的有关的内容,也包括其他加工方法的内容。

①基本视图。基本视图是将构件向上、下、左、右、前、后六个投影面上投影所得到的视图,六个基本视图的名称分别为:主视图、俯视图、左视图、右视图、仰视图、后视图。

②向视图。向视图是可自由配置的视图。

③局部视图。将构件的某一部分向基本投影面投影得到的视图称为局部视图。

④斜视图。将构件向不平行于任何基本投影面的平面投影所得的视图称为斜视图。

(2)一组尺寸确定焊接件的大小,其中应包括焊接件的规格尺寸、各焊接件的装配位置尺寸等。

(3)各焊接件连接处的接头形式、焊缝符号及焊缝尺寸。

(4)对构件的装配、焊接或焊后说明必要的技术要求。技术要求指的是:用文字表达装配体在装配、检验、使用、维护等过程需要遵循的技术条件和要求。

(5)零件序号、明细表和标题栏。序号是对装配体每一种零件按序号顺序进行标定,标题栏一般应注明单位名称、图样名称、图样代号、绘图比例、装配体的质量以及设计审核人员的签名和签名日期等。明细栏应填写零件的序号、名称、数量、材质等。

二、焊接装配图的特点

焊接装配图是焊接结构生产全过程的核心,是组件、装配图与结构图的桥梁。能否正确理解、执行装配图将直接关系到焊接结构的质量和生产效率。与其他装配图相比,焊接装配图的表达方法具有以下特点。

1. 焊接装配图的结构比较复杂

因为组成焊接结构的构件较多,当焊接成一个整体时,在视图上会出现较复杂的图线。

2. 焊接装配图中的焊缝符号多

在焊接装配图上为了正确地表示焊接接头、焊接方法等内容,常采用焊缝符号和焊接方法代号在图样上进行表述。所以在读图时,就必须弄清楚图中的各种符号所代表的焊接接头形式、焊接方法以及焊缝形式和尺寸等。

3. 焊接装配图中的剖面、局部放大图较多

因为焊接结构件的构件间连接处较多,所以在基本视图上往往不容易反映出细小结构,常采用一些断面图或局部放大图等来表达焊缝的结构尺寸和焊缝形式。

4. 焊接装配图需要作放样图

焊接装配图不管多么复杂,在制造时,对某些组成的构件必须放出实样,对构件间的一些交线在放样时也应该准确绘出。

三、焊接装配图的识读方法

焊接结构施工图的识读一般按以下顺序进行:

（1）看标题栏和明细表，了解焊接结构件的名称、材质、板厚、焊缝长度、数量、质量、设计单位等。核对各个零部件的图号、名称、数量、材料等，确定哪些是外购件，哪些为锻件、铸件或机加工件。

（2）看焊接结构视图，了解焊缝符号标注内容，包括坡口形式、坡口深度、焊缝有效厚度、焊脚尺寸、焊接方法和焊缝数量等。

（3）分析各部件间的关系以及焊接变形趋势，分析、确定合理的组装和焊接顺序。

（4）通过想象分析焊缝空间位置，判断焊缝能否施焊，以便为焊接确定较为适宜的焊接位置。

（5）分析焊缝的受力状况，明确焊缝质量要求，包括焊缝外观质量、内部无损检测质量等级和对焊缝力学性能的要求。

（6）选择适宜的焊接方法和焊接材料，确定合理的焊接工艺。

（7）了解对焊缝的其他技术要求。

（8）再次阅读技术要求和工艺文件，例如焊后打磨、焊后热处理和锤击要求等。

正式识图时，要先看总图，后看部件图，最后再看零件图。有剖视图的要结合剖视图，弄清大致结构，然后按投影规律逐个零件阅读，先看零件明细表，确定是钢板还是型钢；然后再看图，弄清每个零件的材料、尺寸及形状，还要看清各零件之间的连接方法、焊缝尺寸、坡口形状，是否有焊后加工的孔洞、平面等。

知识点3　简单零件图的绘制方法

一、使用 AutoCAD 软件绘制零件图的一般步骤　　　简单零件图的绘制方法

目前，焊接结构件的零件图可以使用 AutoCAD 软件绘制，完成一张完整的零件图，一般遵循如下步骤。

1. 新建文件

在新建文件中，根据需要建立若干图层。一般应包括主要轮廓线层、辅助线层、尺寸标注层、文字说明层、图案填充层、剖面线层，并对各层的相关特性进行设定。

2. 绘制视图

根据零件图需要，合理选择相应绘图工具或编辑工具，在相应图层完成图形绘制。

3. 标注尺寸、符号和技术要求

根据零件图需要，按照国家标准，选择相应的标注工具完成尺寸标注、文字标注、焊接符号标注和技术要求标注等内容。

4. 调用标准图框

根据需要调用标准图框，并更新标题栏信息。调整视图在图框中的位置，如果图形相对于图过大或过小，应对图形做相应的缩放，使最终完成的零件图规范、美观。

5. 保存文件

根据文件命名规则，将文件保存到指定文件夹。

二、文件操作方法

1. 新建文件的操作方法

在启动 AutoCAD 软件时，自动打开一个新文件，也可以通过【文件】—【新建】按钮，或

者【QNEW】命令,采用【默认设置】【选择样板】【选择向导】等三种方式建立新文件。

2. 保存文件的操作方法

(1)"保存"命令

通过【文件】—【保存】按钮,或者【QSAVE】命令,或者快捷键【Ctrl+S】完成文件保存。

(2)"另存为"命令

通过【文件】—【另存为】按钮,或者【SAVEAS】命令,弹出【图形另存为】对话框,修改文件名称和保存路径,完成文件的另存。

3. 关闭文件的操作方法

当打开文件较多时,通过【文件】—【关闭】按钮,或者【QUIT】命令,完成文件关闭。

4. 打开文件的操作方法

当需要打开已有文件时,通过【文件】—【打开】按钮,或者【OPEN】命令,或者快捷键【Ctrl+O】,弹出【打开】对话框,选择打开路径和文件名称,完成文件打开。

三、图层设置方法

1. 新建图层的操作方法

打开图层特性管理器,单击【新建图层】按钮,或者【Alt+N】,修改图层名称、颜色、线型和线宽。零件图的图层一般包括轮廓线层、中心线层、尺寸线层、文字层等,如图 1-1-1 所示。在绘图过程中,先将某一图层设置为当前层,之后绘制的图形将默认被放置到该图层上。

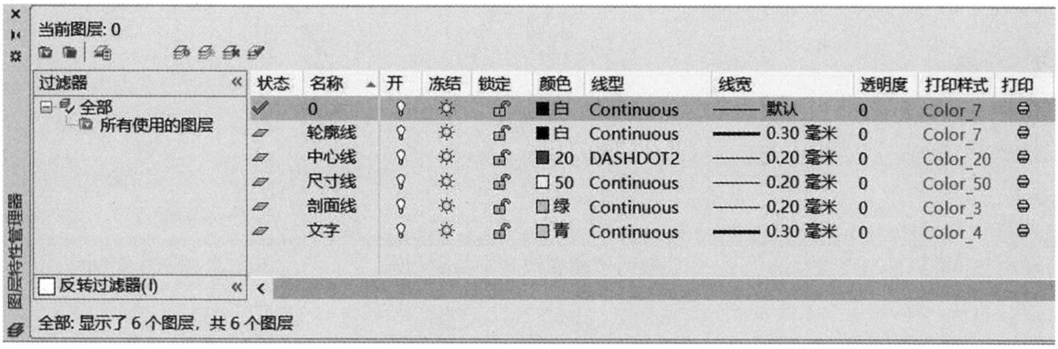

图 1-1-1　图层特性管理器

2. 打开和关闭图层

如图 1-1-1 所示的小灯泡图标是图层开关,单击该图标可以打开或关闭图层,对于被打开 的图层,其上所有图形对象均为可见;对于被关闭 的图层,其上所有图形对象将被隐藏。

3. 锁定和解锁图层

如图 1-1-1 所示锁状图标为图层锁定开关,单击此图标可锁定或解锁图层。只有在解锁 的情况下才能对图层进行编辑,图层锁定 后,将不能对图层进行任意编辑操作。

四、基本图形绘制方法

1. 直线的绘制方法

单击【绘图】面板—【直线】按钮,或在命令提示栏输入"LINE",可以打开直线命令,绘制直线、斜线等。

(1)已知两点绘制直线

打开直线命令,依次选择已知的两点,即可完成直线的绘制。

(2)已知起点和直线长度绘制正交直线

打开直线命令和正交模式,先选择起点,之后输入直线长度,回车即可完成正交直线的绘制。

(3)已知起点、斜线长度和角度绘制斜线

打开直线命令,关闭正交模式,先选择起点,然后输入斜线长度,按【Tab】键后输入斜线角度,点击回车即可完成斜线的绘制。

2. 圆的绘制方法

圆的绘制方法有 6 种,如表 1-1-1 所示,在命令提示栏输入"CIRCLE",打开圆命令,绘制圆形。

表 1-1-1　圆的绘制方法

已知圆心和半径绘制圆	已知圆心和直径绘制圆	已知圆周的两点绘制圆
已知圆周的三点绘制圆	已知两个相切线和半径绘制圆	已知三个相切线绘制圆

(1)已知圆心和半径绘制圆

打开圆命令,先选择圆心,输入半径值回车即可完成圆的绘制。

(2)已知圆心和直径绘制圆

打开圆命令,先选择圆心,输入 D 回车,输入直径值回车即可完成圆的绘制。

（3）已知圆周的两点绘制圆

单击【绘图】面板—【两点】按钮打开圆命令，依次选择圆周上的两点即可完成圆的绘制。

（4）已知圆周的三点绘制圆

单击【绘图】面板—【三点】按钮打开圆命令，依次选择圆周上的三点即可完成圆的绘制。

（5）已知两个相切线和半径绘制圆

单击【绘图】面板—【相切，相切，半径】按钮打开圆命令，依次选择与圆相切的第一条直线、第二条直线，输入半径值，点击回车即可完成圆的绘制。

（6）已知三个相切线绘制圆

单击【绘图】面板—【相切，相切，相切】按钮打开圆命令，依次选择与圆相切的第一条直线、第二条直线、第三条直线，即可完成圆的绘制。

3. 圆弧的绘制方法

圆弧的绘制方法有 11 种，常用的有 3 种，如表 1-1-2 所示，或在命令提示栏输入"ARC"，打开圆弧命令绘制圆弧。

表 1-1-2　圆弧的绘制方法

已知三点绘制圆弧	已知起点、圆心、端点绘制圆弧	已知起点、端点、半径绘制圆弧

（1）已知三点绘制圆弧

打开圆弧命令，依次选择圆弧上的三点即可完成圆弧的绘制。

（2）已知起点、圆心、端点绘制圆弧

打开圆弧命令，先选择起点，输入 C 回车后选择圆心，选择端点即可完成圆弧的绘制。

（3）已知起点、端点、半径绘制圆弧

打开圆弧命令，先选择起点，输入 E 回车后选择端点，输入 R 回车，再输入半径值回车即可完成圆弧的绘制。

4. 倒角的绘制方法

单击【修改】面板—【倒角】按钮，或在命令提示栏输入"CHAMFER"，可以打开倒角命令，在两条直线之间创建倒角。命令提示栏提示：

◆输入第一倒角距离；

◆输入第二倒角距离；

◆选择第一条直线或［放弃(U)/多段线(P)/距离(D)/角度(A)/修剪(T)/方式(E)/

多个(M)];

◆选择第二条直线,选择相邻的另一条线段即可。

(1)选择第一条直线

要求选择进行倒角的第一条线段为默认项。

(2)多段线(P)

对整条多段线倒角。

(3)距离(D)

设置倒角距离。

(4)角度(A)

根据倒角距离和角度设置倒角尺寸。

(5)修剪(T)

确定倒角后是否对相应的倒角边进行修剪。

(6)方式(E)

确定将以什么方式倒角,即根据已设置的两倒角距离倒角,还是根据距离和角度设置倒角。

(7)多个(M)

如果执行该选项,当用户选择了两条直线进行倒角后,可以继续对其他直线倒角,不必重新执行 CHAMFER 命令。

(8)放弃(U)

放弃已进行的设置或操作。

5.圆角的绘制方法

单击【修改】面板—【圆角】按钮,或在命令提示栏输入"FILLET",可以打开圆角命令,创建圆角。命令提示栏提示:

◆输入半径;

◆选择第一个对象或［放弃(U)/多段线(P)/半径(R)/修剪(T)/多个(M)］;

◆选择第二个对象,选择相邻的另一个对象即可。

(1)选择第一个对象

此提示要求选择创建圆角的第一个对象为默认项。

(2)多段线(P)

对二维多段线创建圆角。

(3)半径(R)

设置圆角半径。

(4)修剪(T)

确定创建圆角操作的修剪模式。

(5)多个(M)

执行该选项且用户选择两个对象创建出圆角后,可以继续对其他对象创建圆角,不必重新执行 FILLET 命令。

五、尺寸标注方法

1.线性标注方法

线性标注用于标注水平尺寸、垂直尺寸和旋转尺寸。通过【注释】—【线性】按钮,或在命令提示栏输入"DIMLINEAR",打开线性标注命令。依次选择两个线或点,最后选择尺寸放置位置,即可完成线性标注。

2.对齐标注方法

对齐标注用来标注斜面或斜线的尺寸。通过【注释】—【对齐】按钮,或在命令提示栏输入"DIMALIGNED",打开对齐标注命令。依次选择两个线或点,最后选择尺寸放置位置,即可完成对齐标注。

3.直径标注方法

直径标注用来创建圆或圆弧的直径尺寸。通过【注释】—【直径】按钮,或在命令提示栏输入"DIMDIAMETER",打开直径标注命令。先选择圆周上的一点,最后选择尺寸放置位置,即可完成直径标注。

4.半径标注方法

半径标注用来创建圆或圆弧的半径尺寸。通过【注释】—【半径】按钮,或在命令提示栏输入"DIMRADIUS",打开半径标注命令。先选择圆周上的一点,最后选择尺寸放置位置,即可完成半径标注。

5.角度标注方法

角度标注用来创建角度尺寸。通过【注释】—【角度】按钮,或在命令提示栏输入"DIMANGULAR",打开角度标注命令。依次选择角的两条边,最后选择尺寸放置位置,即可完成角度标注。

六、文字注释方法

1.单行文字输入方法

通过【注释】—【单行文字】按钮,或在命令提示栏输入"TEXT",打开单行文字输入命令。可以使用单行文字创建一行或多行文字,其中,每行文字都是独立的对象,可对其进行移动、格式设置或其他修改。

2.多行文字输入方法

通过【注释】—【多行文字】按钮,或在命令提示栏输入"MTEXT",打开多行文字输入命令。先输入文字高度,然后指定文字框的一个角顶点和文字框的另一个对角顶点,弹出【多行文字编辑器】对话框,编辑文字内容后单击【OK】即可完成多行文字输入。

【榜样力量】

搜一搜:中国队在第44届世界技能大赛焊接项目中夺冠,代表着中国焊接技术人才的技能实力。请在世界技能大赛中国组委会官方网站搜索焊接项目的相关信息和获奖选手的经验分享,结合自己的实际情况,写一份自己的学习规划。

【自学自测】

一、单选题(只有一个正确答案,每题 5 分)

1. 梁及梁系结构件是指在一个或两个平面内受＿＿＿＿作用的构件。 （ ）
A. 力矩 　　　B. 弯矩 　　　C. 力偶矩 　　　D. 扭矩

2. 柱类结构件是指承受压力或在受压的同时承受＿＿＿＿的构件。 （ ）
A. 横向弯曲 　　　　　　　　B. 纵向弯曲

3. 在焊接装配图上使用＿＿＿＿表示焊接接头。 （ ）
A. 焊缝符号 　　　　　　　　B. 数字符号

4. 在焊接装配图＿＿＿＿里,识读结构件的材料信息。 （ ）
A. 一组视图 　　B. 明细表 　　C. 技术要求 　　D. 标题栏

二、多选题(有至少 2 个正确答案,每题 20 分)

1. 梁在结构上由＿＿＿＿和＿＿＿＿焊接而成。 （ ）
A. 型材 　　B. 板材 　　C. 管材 　　D. 线材

2. 柱类结构件的结构的断面形状大多为＿＿＿＿等。 （ ）
A. "工"字形 　　B. "A"字形 　　C. "箱形" 　　D. "S"字形

3. 表达焊接件结构形状的视图有＿＿＿＿。 （ ）
A. 基本视图 　　B. 向视图 　　C. 斜视图 　　D. 局部视图

4. 焊接装配图一般有＿＿＿＿等组成。 （ ）
A. 一组视图 　　B. 明细表 　　C. 技术要求 　　D. 标题栏

【任务实施】

横梁的焊接装配图如图 1-1-2 所示,识读横梁的结构组成、整体结构图和零部件图;分析横梁的零部件之间的位置关系;分析零部件焊接的接头形式、坡口、焊接位置等焊接信息,完成装配图分析报告,注意分析报告的焊接专业术语和符号符合相关国家标准。

横梁的设计

一、识读横梁的结构组成

从横梁的焊接装配图的明细表分析横梁是由翼板、加强板、耳环、肋板和腹板等零件组成的。其中,翼板数量 2 个、加强板数量 2 个、耳环数量 1 个、肋板数量 6 个、腹板数量 1 个,材料都是 Q235A。

二、分析横梁的整体结构

运用形体分析法分析横梁的整体结构,按下面几个步骤进行:

(1)按照投影对应关系将视图中的线框分解为几个部分。

(2)抓住每部分的特征视图,按投影对应关系想象出每个组成部分的形状。

(3)分析确定各组成部分的相对位置关系、组合形式以及表面的连接方式。

（4）最后综合起来想象整体形状。

经过以上四步，横梁的整体结构如图 1-1-3 所示。

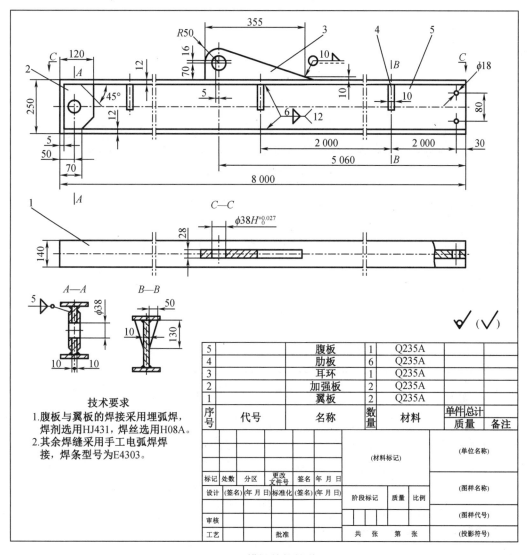

5		腹板	1	Q235A		
4		肋板	6	Q235A		
3		耳环	1	Q235A		
2		加强板	2	Q235A		
1		翼板	2	Q235A		
序号	代号	名称	数量	材料	单件总计	
					质量	备注

技术要求

1.腹板与翼板的焊接采用埋弧焊，焊剂选用HJ431，焊丝选用H08A。

2.其余焊缝采用手工电弧焊接，焊条型号为E4303。

图 1-1-2　横梁的焊接装配图

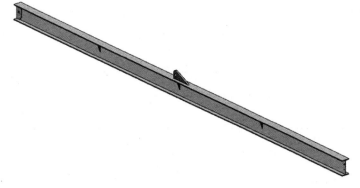

图 1-1-3　横梁的整体结构

三、分析横梁零件的结构

(一)翼板

翼板的结构简单,为长方体形状,长 8 000 mm、宽 140 mm、高 10 mm。翼板的三维模型结构如图 1-1-4 所示。

图 1-1-4　翼板的三维模型结构

1. 新建文件

单击【文件】—【新建】或者按快捷键【Ctrl+N】,打开【选择样板】对话框,文件类型选择"图形(＊.dwg)",名称输入"翼板",文件夹选择"横梁文件夹",单击【确定】,完成翼板文件的新建。

2. 绘制视图

翼板零件图的视图(包括主视图和左视图)如图 1-1-5 所示。打开正交模式。

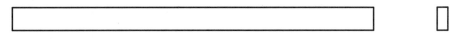

图 1-1-5　翼板的主视图和左视图

第 1 步:单击【绘图】面板—【直线】按钮,在绘图区单击一点,水平移动鼠标,绘图区会出现一条水平直线,输入 8000 回车,完成第 1 条直线。同理,向下移动鼠标,绘图区出现一条竖直直线,输入 140 回车,完成第 2 条直线。向左移动鼠标,输入 8000 回车,完成第 3 条直线。向上移动鼠标,输入 140 回车,完成第 4 条直线。通过绘制 4 条直线完成主视图的绘制。

第 2 步:在主视图右侧,延伸第 1 条直线终点,单击起点,水平移动鼠标,输入 10 回车;向下移动鼠标,输入 140 回车;向左移动鼠标,输入 10 回车;向上移动鼠标,选择起点,完成左视图的绘制。

3. 标注尺寸和技术要求

单击【注释】面板—【线性】按钮,选择翼板的长度尺寸所在的两条边,并确定尺寸所在位置。同理,标注宽度和高度尺寸,如图 1-1-6 所示。

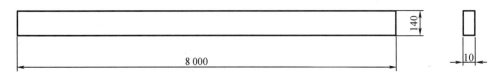

图 1-1-6　翼板的尺寸标注

4. 调用图框和标题栏

第 1 步:单击【插入】选项卡—【插入块】按钮,或者在命令提示栏输入"INSERT"回车,弹出

【插入】对话框,如图1-1-7所示,在【名称】处输入"标题栏",在绘图区指定标题栏位置,即可完成调用标题栏。双击"零件名称",修改为"翼板",同理,更新标题栏信息,如图1-1-8所示。

第2步:单击【注释】面板—【多行文字】按钮,选择技术要求位置,编辑技术要求内容,单击【确定】完成技术要求标注。

图1-1-7　插入对话框

翼板			材料	比例	图号
			Q235A	1∶1	HL-001
设计			××学院		
审核					

图1-1-8　翼板的标题栏

5. 保存文件

保存文件时,既可以保存当前文件,也可以另存文件。保存当前文件的操作方法是单击【文件】—【保存】或者按快捷键【Ctrl+S】。

(二)加强板

加强板的结构简单,外形与长方体相似,长226 mm、宽115 mm、高5 mm;有两个倒角,倒角值是50 mm;内部有一个孔,孔径是38 mm。加强板的三维模型结构如图1-1-9所示。

图1-1-9　加强板的三维模型结构

1. 新建文件

单击【文件】—【新建】或者按快捷键【Ctrl+N】,打开【选择样板】对话框,文件类型选择"图形(*.dwg)",名称输入"加强板",文件夹选择"横梁文件夹",单击【确定】,完成加强板文件的新建。

2. 绘制视图

加强板零件图的视图(包括主视图和左视图)如图1-1-10所示。打开正交模式。

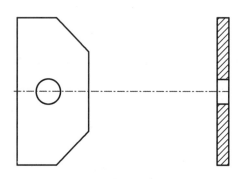

图1-1-10　加强板的主视图和左视图

第1步:单击【绘图】面板—【直线】按钮,在绘图区单击一点,水平移动鼠标,绘图区出现一条竖直直线,输入115回车,完成第1条直线。同理,向下移动鼠标,绘图区出现一条竖直直线,输入226回车,完成第2条直线。向左移动鼠标,输入115回车,完成第3条直线。向上移动鼠标,输入226回车,完成第4条直线。完成主视图外形的绘制。同理完成左视图外形的绘制。

第2步:单击【修改】面板—【倒角】按钮,在命令提示栏输入"D"回车,输入第一个倒角距离50回车,输入第二个倒角距离50回车,依次选择矩形右上角所在的两条边,完成右上角的倒角。回车重复上一个倒角命令,依次选择矩形右下角所在的两条边,完成右下角的倒角。

第3步:单击【绘图】面板—【直线】按钮,起点选择矩形左侧边的中点,向右移动鼠标,输入45回车,完成圆的中心线。单击【绘图】面板—【圆】按钮,选择直线终点作为圆心,输入半径19回车,完成圆绘制。选择多余线,按键盘【Delete】键删除。

第4步:单击【修改】面板—【偏移】按钮,输入偏移距离94回车,选择左视图的上短边作为偏移对象,向下作为偏移方向;同理,选择左视图的下短边作为偏移对象,向上作为偏移方向,完成孔的投影线。单击【绘图】面板—【图案填充】按钮,选择剖面线的边界,完成剖面线填充。

3. 标注尺寸和技术要求

单击【注释】面板—【线性】按钮,依次标注水平尺寸和竖直尺寸。单击【注释】面板—【角度】按钮,标注倒角角度。单击【注释】面板—【直径】按钮,标注圆的直径。加强板的尺寸标注如图1-1-11所示。

4. 调用图框和标题栏

第1步:单击【插入】选项卡—【插入块】按钮,或者在命令提示栏输入"INSERT"回车,弹出【插入】对话框,如图1-1-7所示,在【名称】处输入"标题栏",在绘图区指定标题栏位置,即可完成调用标题栏。双击【零件名称】,修改为"加强板",同理,更新标题栏信息。

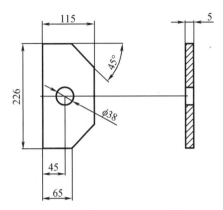

图 1-1-11 加强板的尺寸标注

第 2 步:单击【注释】面板—【多行文字】按钮,选择技术要求位置,编辑技术要求内容,单击【确定】完成技术要求标注。

5. 保存文件

保存文件时,既可以保存当前文件,也可以另存文件。保存当前文件的操作方法是单击【文件】—【保存】或者按快捷键【Ctrl+S】。

(三)耳环

耳环的结构简单,外形与三棱柱相似,长 355 mm、宽 166 mm、厚 28 mm;有一处圆角,半径 50 mm;内部有一简单孔,孔径 38 mm。耳环的三维模型结构如图 1-1-12 所示。

1. 新建文件

单击【文件】—【新建】或者按快捷键【Ctrl+N】,打开【选择样板】对话框,文件类型选择"图形(* . dwg)",名称输入"耳环",文件夹选择"横梁文件夹",单击【确定】,完成耳环文件的新建。

2. 绘制视图

耳环零件图的视图(包括主视图和俯视图)如图 1-1-13 所示。打开正交模式。

图 1-1-12 耳环的三维模型结构

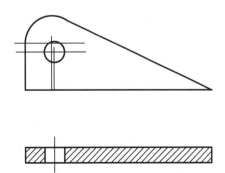

图 1-1-13 耳环的主视图和俯视图

第 1 步:单击【绘图】面板—【直线】按钮,在绘图区单击一点,向左移动鼠标,绘图区出现一条水平直线,输入 355 回车,完成第 1 条直线。向上移动鼠标,输入 86 回车,完成第 2

条直线。向右移动鼠标,输入 50 回车,完成第 3 条直线。单击【绘图】面板—【圆】按钮,选择第 3 条直线终点作为圆心,输入半径 50 回车,完成圆的绘制。单击【绘图】面板—【直线】按钮,选择第 1 条直线起点,选择圆周上的相切点,完成斜线的绘制。

第 2 步:单击【绘图】面板—【直线】按钮,选择第 1 步图形左下角顶点作为起点,向右移动鼠标,输入 55 回车,向上移动鼠标,输入 70 回车,完成直线的绘制。单击【绘图】面板—【圆】按钮,选择直线终点作为圆心,输入半径 19 回车,完成圆的绘制。

第 3 步:单击【修改】面板—【修剪】按钮,选择全部图形回车,修剪圆角处多余圆弧。选择多余线,按键盘【Delete】键删除。完成主视图的绘制。

第 4 步:单击【绘图】面板—【直线】按钮,根据投影关系,绘制俯视图。

3. 标注尺寸和技术要求

单击【注释】面板—【线性】按钮,依次标注水平尺寸和竖直尺寸。单击【注释】面板—【半径】按钮,标注圆角半径。单击【注释】面板—【直径】按钮,标注圆的直径。耳环的尺寸标注如图 1-1-14 所示。

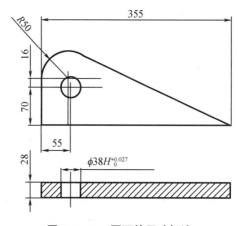

图 1-1-14　耳环的尺寸标注

4. 调用图框和标题栏

第 1 步:单击【插入】选项卡—【插入块】按钮,或者在命令提示栏输入"INSERT"回车,弹出【插入】对话框,如图 1-1-7 所示,在【名称】处输入"标题栏",在绘图区指定标题栏位置,即可完成调用标题栏。双击【零件名称】,修改为"耳环",同理,更新标题栏信息。

第 2 步:单击【注释】面板—【多行文字】按钮,选择技术要求位置,编辑技术要求内容,单击【确定】完成技术要求标注。

5. 保存文件

保存文件时,既可以保存当前文件,也可以另存文件。保存当前文件的操作方法是单击【文件】—【保存】或者按快捷键【Ctrl+S】。

(四)肋板

肋板的结构简单,为三棱柱形状,长 130 mm、宽 50 mm、厚 10 mm。肋板的三维模型结构如图 1-1-15 所示。

1. 新建文件

单击【文件】—【新建】或者按快捷键【Ctrl+N】,打开【选择样板】对话框,文件类型选择"图形(＊.dwg)",名称输入"肋板",文件夹选择"横梁文件夹",单击【确定】,完成肋板文件的新建。

2. 绘制视图

肋板零件图的视图(包括主视图和左视图)如图 1-1-16 所示。打开正交模式。

第 1 步:单击【绘图】面板—【直线】按钮,在绘图区单击一点,向上移动鼠标,绘图区出现一条竖直直线,输入 130 回车,完成第 1 条直线。向右移动鼠标,输入 50 回车,完成第 2 条直线。单击第 1 条直线的起点,完成第 3 条直线。完成主视图的绘制。

第 2 步:单击【绘图】面板—【直线】按钮,根据投影关系,完成左视图的绘制。

(a)主视图　　　　　　(b)左视图

图 1-1-15　肋板的三维模型结构　　　图 1-1-16　肋板的主视图和左视图

3. 标注尺寸和技术要求

单击【注释】面板—【线性】按钮,选择长度尺寸所在的两条边,并确定尺寸所在位置。同理,标注宽度和高度尺寸,如图 1-1-17 所示。

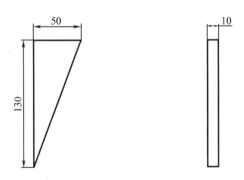

图 1-1-17　肋板的尺寸标注

4. 调用图框和标题栏

第 1 步:单击【插入】选项卡—【插入块】按钮,或者在命令提示栏输入"INSERT"回车,弹出【插入】对话框,如图 1-1-7 所示,在【名称】处输入"标题栏",在绘图区指定标题栏位置,即可完成调用标题栏。双击【零件名称】,修改为"肋板",同理,更新标题栏信息。

第 2 步:单击【注释】面板—【多行文字】按钮,选择技术要求位置,编辑技术要求内容,单击【确定】完成技术要求标注。

5. 保存文件

保存文件时,既可以保存当前文件,也可以另存文件。保存当前文件的操作方法是单击【文件】—【保存】或者按快捷键【Ctrl+S】。

(五)腹板

腹板的结构简单,外形与长方体形状相似,长 8 000 mm、宽 226 mm、高 10 mm;内部有 3 个孔,孔的直径分别是 38 mm、18 mm 和 18 mm。腹板的三维模型结构如图 1-1-18 所示。

图 1-1-18　腹板的三维模型结构

1. 新建文件

单击【文件】—【新建】或者按快捷键【Ctrl+N】,打开【选择样板】对话框,文件类型选择"图形(＊.dwg)",名称输入"腹板",文件夹选择"横梁文件夹",单击【确定】,完成腹板文件的新建。

2. 绘制视图

腹板零件图的视图(包括主视图和俯视图)如图 1-1-19 所示。打开正交模式。

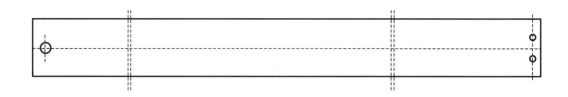

图 1-1-19　腹板的主视图和俯视图

第 1 步:单击【绘图】面板—【直线】按钮,在绘图区单击一点,水平移动鼠标,绘图区出现一条水平直线,输入 8000 回车,完成第 1 条直线。同理,向下移动鼠标,绘图区出现一条竖直直线,输入 226 回车,完成第 2 条直线。向左移动鼠标,输入 8000 回车,完成第 3 条直线。向上移动鼠标,输入 226 回车,完成第 4 条直线。

第 2 步:单击【绘图】面板—【直线】按钮,起点选择矩形左侧边的中点,向右移动鼠标,输入 50 回车,完成圆的中心线。单击【绘图】面板—【圆】按钮,选择直线终点作为圆心,输入半径 19 回车,完成圆的绘制。

第 3 步:单击【绘图】面板—【直线】按钮,起点选择矩形右侧边的中点,向左移动鼠标,输入 30 回车,向上移动鼠标,输入 40 回车,完成圆的中心线。单击【绘图】面板—【圆】按钮,选择直线终点作为圆心,输入半径 9 回车,完成圆的绘制。单击【修改】面板—【镜像】按钮,选择圆作为镜像对象并回车,选择矩形右侧边的中点作为镜像线第一点,选择矩形左侧边的中点作为镜像线第二点,完成圆的镜像。选择多余线,按键盘【Delete】键删除。完成主视图的绘制。

第4步:单击【绘图】面板—【直线】按钮,根据投影关系,完成俯视图的绘制。

3. 标注尺寸和技术要求

单击【注释】面板—【线性】按钮,依次标注水平尺寸和竖直尺寸。单击【注释】面板—【直径】按钮,标注圆的直径。腹板的尺寸标注如图1-1-20所示。

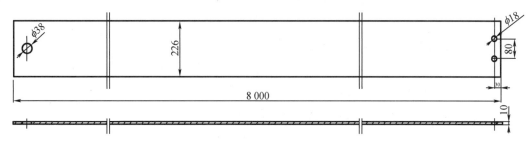

图1-1-20　腹板的尺寸标注

4. 调用图框和标题栏

第1步:单击【插入】选项卡—【插入块】按钮,或者在命令提示栏输入"INSERT"回车,弹出【插入】对话框,如图1-1-7所示,在【名称】处输入"标题栏",在绘图区指定标题栏位置,即可完成调用标题栏。双击【零件名称】,修改为"腹板",同理,更新标题栏信息。

第2步:单击【注释】面板—【多行文字】按钮,选择技术要求位置,编辑技术要求内容,单击【确定】完成技术要求标注。

5. 保存文件

保存文件时,既可以保存当前文件,也可以另存文件。保存当前文件的操作方法是单击【文件】—【保存】或者按快捷键【Ctrl+S】。

四、分析横梁的焊接信息

根据横梁的焊接装配图的焊接符号,可以分析出焊缝信息。

1. 翼板和耳环的焊缝信息

采用搭接角焊缝,焊角高度为10 mm,在现场沿耳环手动电弧焊周围施焊。

2. 翼板和腹板的焊缝信息

采用对称角焊缝,焊角高度为6 mm,在现场埋弧焊施焊。

3. 翼板和肋板的焊缝信息

采用对称角焊缝,焊角高度为6 mm,在现场埋弧焊施焊。

4. 加强板和腹板的焊缝信息

采用对称角焊缝,焊角高度为5 mm,在现场沿加强板手动电弧焊周围施焊。

【横梁的零件图绘制工作单】

计划单

学习情境1	梁柱类焊接结构件设计		任务1	横梁的零件图绘制	
工作方式	组内讨论、团结协作共同制定计划,小组成员进行工作讨论,确定工作步骤			计划学时	0.2学时
完成人	1. 2. 3. 4. 5. 6.				

计划依据:1.横梁的焊接装配图;2.横梁的零件图绘制报告

序号	计划步骤	具体工作内容描述
1	准备工作(准备软件、图纸、工具、量具,谁去做?)	
2	组织分工(成立组织,人员具体都完成什么?)	
3	制定焊接装配图识读方案(先识读什么?再分析什么?最后分析什么?)	
4	记录识读与分析结果(横梁的结构组成是什么?每个零件的数量和材料是什么?如何分析横梁整体结构?如何分析零件结构?最后分析横梁的焊接信息。)	
5	整理资料(谁负责?整理什么?)	
制定计划说明	(写出制定计划中为人员完成任务的主要建议或可以借鉴的建议、需要解释的某一方面)	

决策单

学习情境 1	梁柱类焊接结构件设计	任务 1	横梁的零件图绘制
决策学时		0.1 学时	

决策目的:横梁的零件图绘制报告对比,分析整体结构、零部件结构、焊接信息等

	组号成员	结构完整性（整体结构）	结构准确性（零件结构）	焊接工艺性（焊接信息）	综合评价
工艺方案对比	1				
	2				
	3				
	4				
	5				
	6				
决策评价	结果:(根据组内成员工艺方案对比分析,对自己的工艺方案进行修改并说明修改原因,最后确定一个最佳方案)

检查单

学习情境1	梁柱类焊接结构件设计		任务1		横梁的零件图绘制	
	评价学时		课内0.2学时		第　组	

检查目的及方式　教师全过程监控小组的工作情况,如检查等级为不合格小组需要整改,并拿出整改说明

序号	检查项目	检查标准	检查结果分级 (在检查相应的分级框内画"√")				
			优秀	良好	中等	合格	不合格
1	准备工作	资源是否已查到、材料是否准备完整					
2	分工情况	安排是否合理、全面,分工是否明确					
3	工作态度	小组工作是否积极主动、全员参与					
4	纪律出勤	是否按时完成负责的工作内容、遵守工作纪律					
5	团队合作	是否相互协作、互相帮助、成员是否听从指挥					
6	创新意识	任务完成是否不照搬照抄,看问题是否具有独到见解和创新思维					
7	完成效率	工作单是否记录完整,是否按照计划完成任务					
8	完成质量	工作单填写是否准确,工艺表、程序、仿真结果是否达标					

检查评语		教师签字:

任务评价

小组工作评价单

学习情境 1	梁柱类焊接结构件设计		任务 1	横梁的零件图绘制		
评价学时			课内 0.5 学时			
班级			第　　　组			
考核情境	考核内容及要求	分值 （100）	小组自评 （10%）	小组互评 （20%）	教师评价 （70%）	实得分（$\sum$）
汇报展示 （20分）	演讲资源利用	5				
	演讲表达和非语言技巧应用	5				
	团队成员补充配合程度	5				
	时间与完整性	5				
质量评价 （40分）	工作完整性	10				
	工作质量	5				
	报告完整性	25				
团队情感 （25分）	核心价值观	5				
	创新性	5				
	参与率	5				
	合作性	5				
	劳动态度	5				
安全文明 （10分）	工作过程中的安全保障情况	5				
	工具正确使用和保养、放置规范	5				
工作效率 （5分）	能够在要求的时间内完成，每超时5分钟扣1分	5				

小组成员素质评价单

学习情境 1	梁柱类焊接结构件设计	任务 1	横梁的零件图绘制
班级	第 组	成员姓名	

评分说明	每个小组成员评价分为自评和小组其他成员评价 2 部分,取平均值计算,作为该小组成员的任务评价个人分数。评价项目共设计 5 个,依据评分标准给予合理量化打分。小组成员自评分后,要找小组其他成员不记名方式打分						

评分项目	评分标准	自评分	成员 1 评分	成员 2 评分	成员 3 评分	成员 4 评分	成员 5 评分
核心价值观 (20分)	是否有违背社会主义核心价值观的思想及行动						
工作态度 (20分)	是否按时完成负责的工作内容、遵守纪律,是否积极主动参与小组工作,是否全过程参与,是否吃苦耐劳,是否具有工匠精神						
交流沟通 (20分)	是否能良好地表达自己的观点,是否能倾听他人的观点						
团队合作 (20分)	是否与小组成员合作完成任务,做到相互协作、互相帮助、听从指挥						
创新意识 (20分)	看问题是否能独立思考,提出独到见解,是否能够以创新思维解决遇到的问题						
最终小组成员得分							

课后反思

学习情境 1	梁柱类焊接结构件设计	任务 1	横梁的零件图绘制
班级		第　组	成员姓名

情感反思	通过对本任务的学习和实训,你认为自己在社会主义核心价值观、职业素养、学习和工作态度等方面有哪些需要提高的部分?
知识反思	通过对本任务的学习,你掌握了哪些知识点?请画出思维导图。
技能反思	在完成本任务的学习和实训过程中,你主要掌握了哪些技能?
方法反思	在完成本任务的学习和实训过程中,你主要掌握了哪些分析和解决问题的方法?

【课后作业】

分析题

　　如图 1-1-21 所示为焊接柱的焊接装配图,识读焊接柱的结构组成、整体结构图和零部件图;分析焊接柱的零部件之间的位置关系;分析零部件焊接的接头形式、坡口、焊接位置等焊接信息,完成装配图分析报告,注意分析报告的焊接专业术语和符号符合相关国家标准。

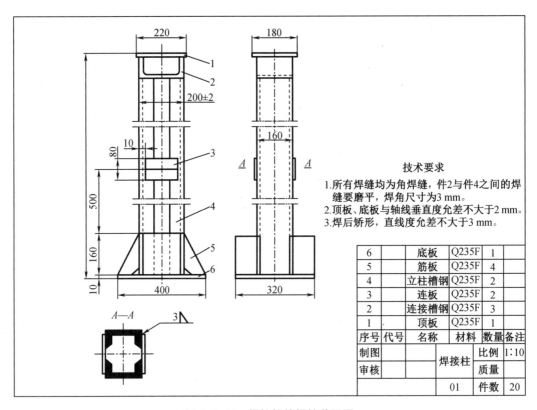

技术要求

1. 所有焊缝均为角焊缝,件2与件4之间的焊缝要磨平,焊角尺寸为3 mm。
2. 顶板、底板与轴线垂直度允差不大于2 mm。
3. 焊后矫形,直线度允差不大于3 mm。

6		底板	Q235F	1	
5		筋板	Q235F	4	
4		立柱槽钢	Q235F	2	
3		连板	Q235F	2	
2		连接槽钢	Q235F	3	
1		顶板	Q235F	1	
序号	代号	名称	材料	数量	备注
制图				比例	1:10
审核			焊接柱	质量	
		01		件数	20

图 1-1-21　焊接柱的焊接装配图

任务 2 横梁的零件模型设计

【任务工单】

学习情境 1	梁柱类焊接结构件设计	工作任务 2	横梁的零件模型设计
任务学时		2 学时（课外 2 学时）	

	布置任务				
任务目标	1. 根据横梁的零部件结构特点，合理制定设计方案； 2. 使用 UG NX 软件，完成横梁的零部件三维造型设计				
任务描述	横梁是梁柱类焊接结构件，某发电设备制造公司的焊接工艺部接到一项钢结构焊接生产任务，其中横梁是主要结构之一。焊接工艺员根据横梁的零部件结构特点，编制每个零件的设计方案，并使用 UG NX 软件完成所有零部件的三维造型设计，保证零件的结构正确、尺寸准确				
学时安排	资讯 0.2 学时	计划 0.2 学时	决策 0.1 学时	实施 1 学时	检查 0.2 学时	评价 0.3 学时
提供资源	1. 横梁的焊接装配图； 2. 电子教案、课程标准、多媒体课件、教学演示视频及其他共享数字资源； 3. 横梁的模型； 4. 游标卡尺等工具和量具				
对学生学习及成果的要求	1. 具备横梁的焊接装配图的识读能力； 2. 严格遵守实训基地各项管理规章制度； 3. 对比横梁的零部件三维模型与零件图，分析结构是否正确，尺寸是否准确； 4. 每名同学均能按照学习导图自主学习，并完成课前自学的问题训练和自学自测； 5. 严格遵守课堂纪律，学习态度认真、端正，能够正确评价自己和同学在本任务中的素质表现； 6. 每位同学必须积极参与小组工作，承担编制设计方案、三维模型设计等工作，做到积极主动不推诿，能够与小组成员合作完成工作任务； 7. 每位同学均需独立或在小组同学的帮助下完成任务工作单、加工工艺文件、数控编程文件、仿真加工视频等，并提请检查、签认，对提出的建议或有错误之处必及时修改； 8. 每组必须完成任务工单，并提请教师进行小组评价，小组成员分享小组评价分数或等级； 9. 每名同学均完成任务反思，以小组为单位提交				

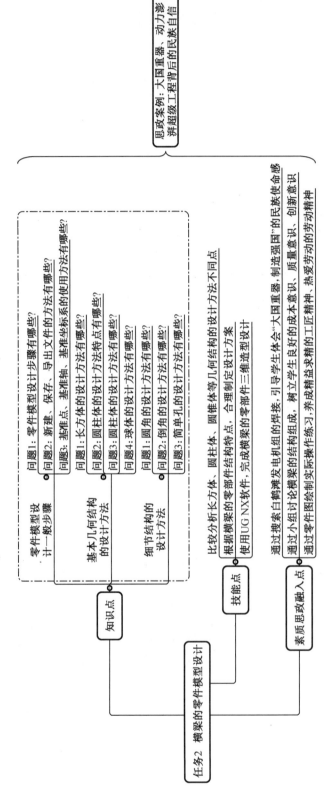

【课前自学】

知识点 1　零件模型设计的一般步骤

目前焊接结构件数字化设计的软件很多,比如 UG NX 软件、SolidWorks 软件、AutoCAD 软件、中望 CAD 软件等。本教材以 UG NX 软件为设计平台,详细介绍焊接结构件的数字化设计方法。

零件模型设计
的一般步骤

使用 UG NX 软件进行三维造型设计的一般步骤包括:新建文件或打开文件、使用命令逐一完成模型设计、保存文件等三个步骤。

一、新建、保存、导出文件的方法

文件管理包括新建、打开、导入/导出、保存、关闭和退出模型文件等,在 UG NX 中模型文件的管理功能是通过【文件】下拉菜单来实现的。

文件的操作

1. 新建文件

用于创建新的模型文件,单击【文件】—【新建】或者按快捷键【Ctrl+N】即可新建模型文件。

2. 打开文件

用于打开已存在的模型文件,并将其模型在模型显示窗口中显示出来。单击【文件】—【打开】或者快捷键【Ctrl+O】即可打开模型文件。

3. 保存文件

单击【文件】—【保存】(或者【另存为】【全部保存】等)、按快捷键【Ctrl+S】(或【Ctrl+Shift+A】)即可保存模型文件。

4. 导入文件

单击【文件】—【导入】,弹出子菜单,可以选择【部件】【IGES】【STEP214】【AutoCAD DXF/DWG】等导入不同格式的文件。其中【部件】导入已存在的零件文件,【IGES】导入 SolidWorks 软件的文件,【AutoCAD DXF/DWG】导入 AutoCAD 软件的文件。

3. 常用工具操作

(1)点构造器

点构造器实际上是【点】对话框,通常会根据建模的需要自动出现。单击【插入】—【基准/点】—【点】,弹出【点】对话框。【点】对话框提供了在三维空间指定点和创建点对象和位置的标准方法。常用的创建方法有【自动判断的点】【光标位置】【现有点】和【圆弧中心/椭圆中心/球心】等。

(2)矢量构造器

矢量用来确定特征或者对象的方位,如圆柱体轴线方向、拉伸特征的拉伸方向、旋转扫描特征的旋转轴线等。矢量构造器用于构造一个单位方向矢量。常用定义矢量的方法有【自动判断的矢量】【两点方法定义矢量】和【面/平面法向】等。

(3)CSYS 构造器

CSYS 构造器是用来定义坐标系的。单击【格式】—【WCS】—【定向】或者【实用工具】

的【WCS方向】,弹出【CSYS】对话框。常用的定义CSYS构造器的方法有【动态】【自动判断】等。

二、基准点、基准轴、基准坐标系的使用方法

1. 基准平面

使用基准平面命令可以创建平面参考特征,如与目标实体的面成某一角度的扫掠体。常用的创建方法有"使用自动判断功能创建基准平面""使用偏置创建基准平面""使用一个点和一个方向创建基准平面""通过三个点创建基准平面"等。

基准点

2. 基准轴

使用基准轴命令可定义线性参考对象,有助于创建其他对象,如基准平面、旋转特征、拉伸特征及圆形阵列。基准轴可以是关联的,也可以是非关联的。关联基准轴可参考曲线、面、边、点和其他基准,可以创建跨多个体的相对基准轴。一般通过自动判断,根据点、沿曲线或面的轴创建基准轴。

基准轴

3. 基准坐标系

使用基准坐标系可以快速创建包含一组参考对象的坐标系。基准坐标系是软件用来进行工作的空间基准,所有的操作都是相对于坐标系进行的。三维造型设计过程中使用的是工件坐标系,通过CSYS构造器来定义。

基准坐标系

知识点2　基本几何结构的设计方法

在焊接结构件的结构中,常见的基本几何结构主要有长方体、圆柱体、圆锥体(或圆台体)、球体等,分别使用长方体、圆柱体、圆锥体、球体等命令进行设计。

基本几何结构
的设计方法

一、长方体的设计方法

单击【插入】—【设计特征】—【长方体】,弹出【块】对话框。通过定义【原点和边长】【两点和高度】【两个对角点】等方式创建,设计效果如表1-2-1所示。

长方体的
设计方法

表1-2-1　长方体创建方法

原点和边长	两点和高度	两个对角点

常用的长方体设计方法是【原点和边长】。【块】对话框的参数含义如表 1-2-2 所示。

表 1-2-2　【块】对话框的参数含义

【块】对话框	参数说明
              	【原点】选项区域 指定点:用于定义块的原点。 【尺寸】选项区域 长度（XC）:指定块长度（XC）的值。 宽度（YC）:指定块宽度（YC）的值。 高度（ZC）:指定块高度（ZC）的值。 【布尔】选项区域 无:新建与任何现有实体无关的块。 合并:组合新块与相交目标体的空间体。 减去:将新块的空间体从相交目标体中减去。 相交:通过块与相交目标体共用的空间体创建新块

二、圆柱体的设计方法

圆柱体可以使用圆柱命令设计,单击【插入】—【设计特征】—【圆柱】,弹出【圆柱】对话框。通过定义【轴、直径和高度】或【高度和圆弧】等方式创建。常用的圆柱体设计方法是【轴、直径和高度】。【圆柱】对话框的参数含义如表 1-2-3 所示。

圆柱体的
设计方法

表 1-2-3　【圆柱】对话框的参数含义

【圆柱】对话框	参数说明
              	【轴】选项区域 指定矢量:用于指定圆柱轴的矢量。 指定点:用于指定圆柱的原点 【尺寸】选项区域 直径:指定圆柱的直径。 高度:指定圆柱的高度 【布尔】选项区域 无:新建与任何现有实体无关的圆柱。 合并:组合新圆柱与相交目标体的空间体。 减去:将新圆柱的空间体从相交目标体中减去。 相交:通过圆柱与相交目标体共用的空间体创建新圆柱

三、圆锥体的设计方法

圆锥体可以使用圆锥命令设计,单击【插入】—【设计特征】—【圆锥】,弹出【圆锥】对话框。通过定义【直径和高度】【直径和半角】【底部直径,高度和半角】【顶部直径,高度和半角】或【两个共轴的圆弧】等方式创建。常用的圆锥体设计方法是【直径和高度】。【圆锥】对话框的参数含义如表1-2-4所示。

圆锥体的设计方法

表1-2-4 【圆锥】对话框的参数含义

【圆锥】对话框	参数说明
![圆锥对话框]	【轴】选项区域 指定矢量:用于指定圆锥轴的矢量。 指定点:用于指定圆锥的原点
	【尺寸】选项区域 底部直径:指定圆锥的下表面圆直径。 顶部直径:指定圆锥的上表面圆直径。 高度:指定圆锥的高度
	【布尔】选项区域 无:新建与任何现有实体无关的圆锥。 合并:组合新圆锥与相交目标体的空间体。 减去:将新圆锥的空间体从相交目标体中减去。 相交:通过圆锥与相交目标体共用的空间体创建新圆锥

四、球体的设计方法

球体使用球命令设计,单击【插入】—【设计特征】—【球】,弹出【球】对话框。通过定义【中心点和直径】或【圆弧】等方式创建。常用的球体设计方法是【中心点和直径】。【球】对话框的参数含义如表1-2-5所示。

球体的设计方法

表1-2-5 【球】对话框的参数含义

【球】对话框	参数说明
![球对话框]	【中心点】选项区域 指定点:用于指定球的原点
	【尺寸】选项区域 直径:指定球的直径
	【布尔】选项区域 无:新建与任何现有实体无关的球。 合并:组合新球与相交目标体的空间体。 减去:将新球的空间体从相交目标体中减去。 相交:通过球与相交目标体共用的空间体创建新球

知识点 3　细节结构的设计方法

焊接结构件的细节结构主要有圆角、倒角、简单孔、螺纹孔、沉头孔等,分别使用 UG NX 软件的边倒圆、倒斜角、孔等命令进行设计。

细节结构的设计方法

一、圆角的设计方法

圆角结构使用边倒圆命令设计。边倒圆主要为实体创建圆角,创建圆角时相当于用一个圆球沿着要倒圆角的边缘滚动,并紧贴着相交的该边的两个面。边倒圆为常用的倒圆类型,它是用指定的倒圆半径将实体的边缘变成圆柱面或圆锥面。既可以对实体边缘进行恒定半径的倒圆角,也可以对实体边缘进行可变半径的倒圆角。常用的边倒圆方法主要有以下两种。

圆角的设计方法

1. 固定半径倒圆角

该方式指沿选取实体或片体进行倒圆角,使倒圆角相切于选择边的邻接面。直接选取要倒圆角的边,并设置倒圆角的半径,即可创建指定半径的倒圆角。在用固定半径倒圆角时,对同一倒圆半径的边尽量同时进行倒圆操作,而且尽量不要同时选择一个顶点的凸边或凹边进行倒圆操作。对多个片体进行倒圆角时,必须先把多个片体利用缝合操作使之成为一个片体。单击【插入】—【细节特征】—【边倒圆】,弹出对话框的参数含义如表 1-2-6 所示。

表 1-2-6　【边倒圆】对话框的参数含义

【边倒圆】对话框	参数说明
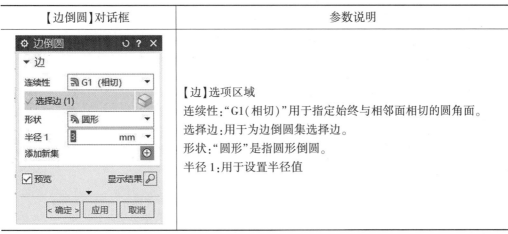	【边】选项区域 连续性:"G1(相切)"用于指定始终与相邻面相切的圆角面。 选择边:用于为边倒圆集选择边。 形状:"圆形"是指圆形倒圆。 半径 1:用于设置半径值

2. 可变半径点

该方式可以通过修改控制点处的半径,从而实现沿选择边指定多个点,设置不同的半径参数,对实体或片体进行倒圆角。创建可变半径的倒圆角,需要先选取要进行倒圆角的边,然后再激活【可变半径点】,利用【点构造器】指定该边上不同点的位置,并设置不同的参数值。

二、倒角的设计方法

倒角结构使用倒斜角命令设计,一般指在实体边缘创建倒角特征。UG NX 提供了三种倒斜角的方式:对称、非对称、偏置和角度。

倒角的设计方法

（1）对称。同时给两面指定一个正的偏置值，从而生成简单倒斜角。

（2）非对称。对两个面分别输入一个偏置值，从而在选定边上倒角。

（3）偏置和角度。通过指定偏置角度和偏置值来生成简单倒角。

单击【插入】—【细节特征】—【倒斜角】，弹出对话框的参数含义如表1-2-7所示。

表1-2-7　【倒斜角】对话框的参数含义

【倒斜角】对话框	参数说明
	【边】选项区域 选择边：用于选择要倒斜角的一条或多条边。 横截面："对称"选项是创建一个简单倒斜角，在所选边的每一侧有相同的偏置距离。 距离：指定距离值
	【边】选项区域 选择边：用于选择要倒斜角的一条或多条边。 横截面："非对称"选项是创建一个倒斜角，在所选边的每一侧有不同的偏置距离。 距离1：指定一侧偏置的值。 距离2：指定另一侧偏置的值。 反向：改变偏置方向
	【边】选项区域 选择边：用于选择要倒斜角的一条或多条边。 横截面："偏置和角度"选项是创建具有单个偏置距离和一个角度的倒斜角。 距离：指定一侧偏置的值。 角度：指定偏置的角度值。 反向：改变偏置方向

三、孔的设计方法

孔特征是指在实体模型中去除部分实体，此实体可以是长方体、圆柱体或圆锥体等，通常在创建螺纹孔的底孔时使用。孔的类型主要有简单孔、沉头孔、埋头孔和螺纹孔等。

孔的设计方法

1. 简单孔的设计方法

单击【插入】—【设计特征】—【孔】,选择【简单】类型,弹出对话框的参数含义如表1-2-8所示。

表1-2-8 简单【孔】对话框的参数含义

简单【孔】对话框	参数说明
	【类型】:【简单】表示设计简单孔。
	【形状】选项区域
	孔大小:【定制】用于指定孔尺寸。
	孔径:指定孔径。
	【位置】选项区域
	指定点:指定孔中心的位置。
	【限制】选项区域
	深度限制:【值】创建指定深度的孔。
	孔深:指定所需的孔深度。
	至以下部位的深度:【肩线】是至孔圆柱部分的底部。
	顶锥角:指定孔的顶锥角,顶锥角必须大于等于0°并且小于180°。

2. 沉头孔的设计方法

单击【插入】—【设计特征】—【孔】,选择【沉头】类型,弹出对话框的参数含义如表1-2-9所示。

表1-2-9 沉头【孔】对话框的参数含义

沉头【孔】对话框	参数说明
	【类型】:【沉头】表示设计沉头孔。
	【形状】选项区域
	孔大小:【定制】用于指定孔尺寸。
	孔径:指定孔径。
	沉头直径:指定沉头直径。孔的沉头部分的直径必须大于孔径。
	沉头限制:【值】是创建一个指定深度的沉头。
	沉头深度:指定沉头深度
	【位置】选项区域
	指定点:指定沉头孔中心的位置
	【限制】选项区域
	深度限制:【值】是创建指定深度的孔。
	孔深:指定所需的孔深度。
	至以下部位的深度:【肩线】是至孔圆柱部分的底部。
	顶锥角:指定孔的顶锥角,顶锥角必须大于等于0°并且小于180°

3.螺纹孔的设计方法

单击【插入】—【设计特征】—【孔】,选择【有螺纹】类型,弹出对话框的参数含义如表1-2-10所示。

表1-2-10　螺纹【孔】对话框的参数含义

螺纹【孔】对话框	参数说明
	【类型】:【有螺纹】表示设计螺纹孔。 【形状】选项区域 标准:选择螺纹标准。 大小:指定螺纹规格。 径向进刀:用于选择径向进刀百分比。 攻丝直径:指定丝锥的直径。 螺纹深度类型:【定制】是定制螺纹深度。 螺纹深度:指定螺纹深度。 给通孔的两端加螺纹:是否在通孔两端添加螺纹。 右旋:沿轴向朝一端观察螺纹时,螺纹顺时针缠绕并且向后退。 左旋:沿轴向朝一端观察螺纹时,螺纹逆时针缠绕并且向后退
	【位置】选项区域 指定点:指定螺纹孔中心的位置
	【限制】选项区域 深度限制:【值】是创建指定深度的孔。 孔深:指定所需的孔深度。 至以下部位的深度:【肩线】是至孔圆柱部分的底部。 顶锥角:指定孔的顶锥角,顶锥角必须大于等于0°并且小于180°

【榜样力量】

查一查:中国队的哪位选手在第45届世界技能大赛焊接项目中获得金牌？这位选手夺冠之路上,经历过哪些曲折？

【自学自测】

一、单选题(只有一个正确答案,每题10分)

1.常用基准点的创建方法有自动判断的点、现有点和圆弧中心/椭圆中心/球心_____等。 　　　　　　　　　　　　　　　　　　　　　　　　　　　　　　　(　　)

A.光标位置　　　　B.特殊位置　　　　C.端点　　　　D.起点

2.创建固定半径倒圆角时,需要输入_____。 　　　　　　　　　　(　　)

A.直径值　　　　　　　　　　　　B.半径值

3.创建倒斜角时,需要选择_____。 　　　　　　　　　　　　　　(　　)

A.点　　　　　　　B.面　　　　　　　C.边

4.创建孔时,需要选择_____。 （ ）

A.孔底面圆心　　　　　　　　　　　B.孔顶面圆心

二、多选题(有至少两个正确答案,每题 **20** 分)

1.长方体创建方法有_____、_____和_____。 （ ）

A.原点和边长　　　　　　　　　　　B.原点和周长

C.两点和高度　　　　　　　　　　　D.两个对角点

2.圆柱体创建方法有_____、_____等。 （ ）

A.轴、直径和高度　　　　　　　　　B.轴、半径和高度

C.高度和圆弧　　　　　　　　　　　D.高度和半弧

3.圆锥体创建方法有_____、_____、_____和_____。 （ ）

A.直径和高度　　　　　　　　　　　B.直径和半角

C.底部直径,高度和半角　　　　　　D.顶部直径,高度和半角

【任务实施】

横梁是由翼板、加强板、耳环、肋板和腹板等零件组成的。

一、翼板模型设计

翼板的结构简单,长方体形状,设计长 8 000 mm、宽 1 400 mm、高 10 mm 翼板的三维模型结构。

1.新建文件

单击【文件】—【新建】或者按快捷键【Ctrl+N】,打开【新建】对话框,如图 1-2-1 所示,模板选择【模型】,名称输入"翼板",文件夹选择横梁文件夹,单击【确定】,完成翼板文件的新建。

翼板的设计课件

2.长方体的设计

单击【菜单】—【插入】—【设计特征】—【块】,弹出【块】对话框,如图 1-2-2 所示,【类型】选择【原点和边长】,【原点】选项区域用于指定长方体的位置。【指定点】选择自动判断的点,在绘图区单击坐标原点。【尺寸】选项区域长方体【长度】输入8000、【宽度】输入140、【高度】输入 12。单击【确定】按钮,完成翼板的设计。

翼板的设计视频

3.保存文件

单击【文件】—【保存】或者按快捷键【Ctrl+S】,完成翼板文件的保存。

二、加强板模型设计

1.新建文件

单击【文件】—【新建】或者按快捷键【Ctrl+N】,打开【新建】对话框,模板选择【模型】,名称输入"加强板",文件夹选择横梁文件夹,单击【确定】,完成加强板文件的新建。

加强板的设计课件

加强板的设计视频

图 1-2-1 【新建】对话框

图 1-2-2 翼板的长方体

2. 长方体的设计

单击【菜单】—【插入】—【设计特征】—【块】,弹出【块】对话框,如图 1-2-3 所示,【类型】选择【原点和边长】,【原点】选项区域【指定点】选择自动判断的点,在绘图区单击坐标原点。【尺寸】选项区域【长度】输入 115、【宽度】输入 5、【高度】输入 226。单击【确定】按钮,完成加强板的长方体设计。

3. 倒角设计

倒斜角的功能是在尖锐的实体边上通过偏置的方式形成斜角。单击【菜单】—【插入】—【细节特征】—【倒斜角】,弹出【倒斜角】对话框,如图 1-2-4 所示,在【选择边】选择图中所示的两个倒角边。【横截面】选择【对称】,【距离】输入 50,单击【确定】,完成倒角的设计。

图 1-2-3 加强板的长方体

图 1-2-4 加强板的倒角

4. 使用圆柱设计孔

单击【菜单】—【插入】—【设计特征】—【圆柱】命令,弹出【圆柱】对话框,如图 1-2-5 所示,【类型】选择【轴、直径和高度】,【轴】选项区域【指定矢量】选择 YC 轴,【指定点】选择点构造器，弹出点对话框,XC 输入 45、YC 输入 0、ZC 输入 113,单击【确定】按钮返回【圆柱】对话框。【尺寸】选项区域【直径】输入 38、【高度】输入 5。【布尔】选项区域【布尔】选择【减去】,【选择体】选择长方体。单击【确定】,完成孔的设计。

图 1-2-5 加强板的孔

5.保存文件

单击【文件】—【保存】或者按快捷键【Ctrl+S】完成加强板的保存。

三、肋板模型设计

1.新建文件

单击【文件】—【新建】或者按快捷键【Ctrl+N】,打开【新建】对话框,模板选择【模型】,名称输入"肋板",文件夹选择横梁文件夹,单击【确定】,完成肋板文件的新建。

肋板的设计课件

2.长方体的设计

单击【菜单】—【插入】—【设计特征】—【块】,弹出【块】对话框,【类型】选择【原点和边长】,【原点】选项区域【指定点】选择自动判断的点,在绘图区单击坐标原点。【尺寸】选项区域【长度】输入 50、【宽度】输入 10、【高度】输入 130。单击【确定】按钮,完成肋板的长方体设计。

肋板的设计视频

3.倒角设计

单击【菜单】—【插入】—【细节特征】—【倒斜角】,弹出【倒斜角】对话框,如图 1-2-6 所示,【选择边】选择图中所示的 1 个倒角边。【横截面】选择【非对称】,【距离 1】输入 130,【距离 2】输入 50,单击【确定】按钮,完成倒角的设计。

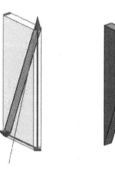

图 1-2-6　肋板的倒角

4.保存文件

单击【文件】—【保存】或者按快捷键【Ctrl+S】完成肋板的保存。

四、腹板模型设计

1.新建文件

单击【文件】—【新建】或者按快捷键【Ctrl+N】,打开【新建】对话框,模板选择【模型】,名称输入【腹板】,文件夹选择横梁文件夹,单击【确定】,完成腹板文件的新建。

2.长方体的设计

单击【菜单】—【插入】—【设计特征】—【块】,弹出【块】对话框,【类型】选择【原点和边长】,【原点】选项区域【指定点】选择自动判断的点,在绘图区单击坐标原点。在【尺寸】选项区域【长度】输入 8000、【宽度】输入 10、【高度】输入 226。单击【确定】按钮,完成腹板的长方体设计。

3.孔的设计

单击【菜单】—【插入】—【设计特征】—【孔】命令,弹出【孔】对话框,如图1-2-7所示,【类型】选择【简单孔】,【形状】选项区域【孔大小】选择【定制】,【孔径】输入38,【位置】选项区域【指定点】选择绘制截面  ,进入草图环境,绘制点(50,0,113),单击【完成草图】按钮返回【孔】对话框。【限制】选项区域【深度限制】选择【贯通体】。单击【确定】,完成第1个孔的设计。

同理,使用孔命令,【孔径】输入18,【位置】选项区域【指定点】选择绘制截面  ,进入草图环境,绘制点(7970,0,153)和点(7970,0,73),单击【完成草图】按钮返回【孔】对话框。其他参数与第1个孔参数相同,单击【确定】,完成第2个孔和第3个孔的设计。

图 1-2-7　腹板的孔设计

5.保存文件

单击【文件】—【保存】或者按快捷键【Ctrl+S】完成腹板的保存。

五、耳环模型设计

1.新建文件

单击【文件】—【新建】或者按快捷键【Ctrl+N】,打开【新建】对话框,模板选择【模型】,名称输入【耳环】,文件夹选择横梁文件夹,单击【确定】,完成耳环文件的新建。

2.长方体的设计

单击【菜单】—【插入】—【设计特征】—【块】,弹出【块】对话框,【类型】选择【原点和边长】,【原点】选项区域【指定点】选择自动判断的点,在绘图区单击坐标原点。【尺寸】选项区域【长度】输入355、【宽度】输入28、【高度】输入136。单击【确定】按钮,完成耳环的长方体设计。

3.倒角设计

单击【菜单】—【插入】—【细节特征】—【倒斜角】,弹出【倒斜角】对话框,【选择边】选择长方体右上角的短边。【横截面】选择【非对称】,【距离1】输入136,【距离2】输入355,单击【确定】按钮,完成倒角的设计。

4. 使用圆柱设计孔

单击【菜单】—【插入】—【设计特征】—【圆柱】命令,弹出【圆柱】对话框,【类型】选择【轴、直径和高度】,【轴】选项区域【指定矢量】选择 YC 轴,【指定点】选择点构造器 ⋮⋯,弹出点对话框,XC 输入 55、YC 输入 0、ZC 输入 70,单击【确定】按钮返回【圆柱】对话框。【尺寸】选项区域【直径】输入 38、【高度】输入 28。【布尔】选项区域【布尔】选择【减去】,【选择体】选择长方体。单击【确定】,完成孔的设计。

5. 圆角设计

单击【菜单】—【插入】—【细节特征】—【边倒圆】,弹出【边倒圆】对话框,如图 1-2-8 所示,【选择边】选择长方体左上角的短边。【半径 1】输入 50,单击【确定】按钮,完成圆角的设计。

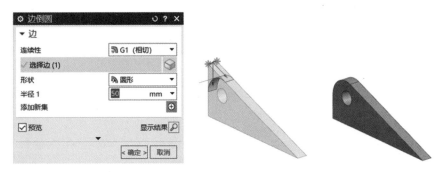

图 1-2-8　耳环的圆角

6. 保存文件

单击【文件】—【保存】或者按快捷键【Ctrl+S】完成耳环的保存。

【横梁的零件模型设计工作单】

计划单

学习情境1	梁柱类焊接结构件设计		任务2	横梁的零件模型设计	
工作方式	组内讨论、团结协作、共同制定计划,小组成员进行工作讨论,确定工作步骤			计划学时	0.2学时
完成人	1.　　　2.　　　3.　　　4.　　　5.　　　6.				

计划依据:1.横梁焊接装配图;2.横梁零件图

序号	计划步骤	具体工作内容描述
1	准备工作(准备软件、图纸、工具、量具,谁去做?)	
2	组织分工(成立组织,人员具体都完成什么?)	
3	制定焊接装配图识读方案(先识读什么? 再分析什么? 最后分析什么?)	
4	记录识读与分析结果(横梁的结构组成是什么? 每个零件的数量和材料是什么? 如何分析横梁整体结构? 如何分析零件结构? 最后分析横梁的焊接信息。)	
5	整理资料(谁负责? 整理什么?)	
制定计划说明	(写出制定计划中人员为完成任务的主要建议或可以借鉴的建议、需要解释的某一方面)	

决策单

学习情境 1	梁柱类焊接结构件设计	任务 2	横梁的零件模型设计
决策学时			0.1 学时

决策目的:零部件设计方案对比分析,比较设计质量、设计时间等

	组号成员	结构完整性 （整体结构）	结构准确性 （零件结构）	焊接工艺性 （焊接信息）	综合评价
工艺方案对比	1				
	2				
	3				
	4				
	5				
	6				
决策评价	结果:(根据组内成员工艺方案对比分析,对自己的工艺方案进行修改并说明修改原因,最后确定一个最佳方案)

检查单

学习情境1	梁柱类焊接结构件设计	任务2	横梁的零件模型设计
评价学时		课内0.2学时	第　组

检查目的及方式	教师全过程监控小组的工作情况,如检查等级为不合格,小组需要整改,并拿出整改说明

序号	检查项目	检查标准	检查结果分级 (在检查相应的分级框内画"√")				
			优秀	良好	中等	合格	不合格
1	准备工作	资源是否已查到、材料是否准备完整					
2	分工情况	安排是否合理、全面,分工是否明确					
3	工作态度	小组工作是否积极主动、全员参与					
4	纪律出勤	是否按时完成负责的工作内容、遵守工作纪律					
5	团队合作	是否相互协作、互相帮助、成员是否听从指挥					
6	创新意识	任务完成是否不照搬照抄,看问题是否具有独到见解和创新思维					
7	完成效率	工作单是否记录完整,是否按照计划完成任务					
8	完成质量	工作单填写是否准确,工艺表、程序、仿真结果是否达标					

检查评语		教师签字:

任务评价

小组工作评价单

学习情境 1	梁柱类焊接结构件设计		任务 2		横梁的零件模型设计	
评价学时			课内 0.3 学时			
班级			第　　组			
考核情境	考核内容及要求	分值（100）	小组自评（10%）	小组互评（20%）	教师评价（70%）	实得分（$\sum$）
汇报展示（20分）	演讲资源利用	5				
	演讲表达和非语言技巧应用	5				
	团队成员补充配合程度	5				
	时间与完整性	5				
质量评价（40分）	工作完整性	10				
	工作质量	5				
	报告完整性	25				
团队情感（25分）	核心价值观	5				
	创新性	5				
	参与率	5				
	合作性	5				
	劳动态度	5				
安全文明（10分）	工作过程中的安全保障情况	5				
	工具正确使用和保养、放置规范	5				
工作效率（5分）	能够在要求的时间内完成，每超时 5 分钟扣 1 分	5				

小组成员素质评价单

学习情境1	梁柱类焊接结构件设计		任务2		横梁的零件模型设计			
班级		第　组		成员姓名				
评分说明	每个小组成员评价分为自评和小组其他成员评价2部分,取平均值计算,作为该小组成员的任务评价个人分数。评价项目共设计5个,依据评分标准给予合理量化打分。小组成员自评分后,要找小组其他成员不记名方式打分							
评分项目	评分标准	自评分	成员1评分	成员2评分	成员3评分	成员4评分	成员5评分	
核心价值观(20分)	是否有违背社会主义核心价值观的思想及行动							
工作态度(20分)	是否按时完成负责的工作内容、遵守纪律,是否积极主动参与小组工作,是否全过程参与,是否吃苦耐劳,是否具有工匠精神							
交流沟通(20分)	是否能良好地表达自己的观点,是否能倾听他人的观点							
团队合作(20分)	是否与小组成员合作完成任务,做到相互协作、互相帮助、听从指挥							
创新意识(20分)	看问题是否能独立思考,提出独到见解,是否能够以创新思维解决遇到的问题							
最终小组成员得分								

课后反思

学习情境1	梁柱类焊接结构件设计	任务2	横梁的零件模型设计
班级	第　组	成员姓名	

情感反思	通过对本任务的学习和实训,你认为自己在社会主义核心价值观、职业素养、学习和工作态度等方面有哪些需要提高的部分?
知识反思	通过对本任务的学习,你掌握了哪些知识点?请画出思维导图。
技能反思	在完成本任务的学习和实训过程中,你主要掌握了哪些技能?
方法反思	在完成本任务的学习和实训过程中,你主要掌握了哪些分析和解决问题的方法?

【课后作业】

设计题

　　如图 1-2-9 所示为焊接柱的焊接装配图,识读焊接柱的结构组成、整体结构图和零部件图;使用 UG NX 软件完成焊接柱零部件的三维模型设计,注意结构正确,尺寸准确,设计步骤合理。

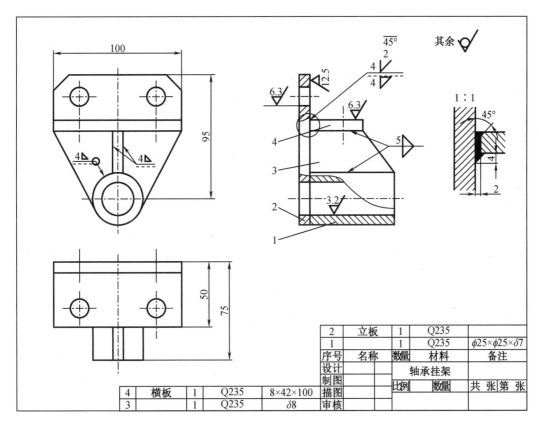

2	立板	1	Q235	
1		1	Q235	$\phi25\times\phi25\times\delta7$
序号	名称	数量	材料	备注
设计			轴承挂架	
制图				
4	横板	1	Q235	$8\times42\times100$	描图	比例	数量	共 张 第 张
3		1	Q235	$\delta8$	审核			

图 1-2-9　焊接柱的焊接装配图

任务 3　横梁的装配设计

【任务工单】

学习情境 1	梁柱类焊接结构件设计	工作任务 3	横梁的装配设计
任务学时		2 学时（课外 2 学时）	

布置任务						
任务目标	1.根据横梁的焊接装配图零件位置关系,分析零部件的装配顺序; 2.根据零部件的装配顺序,制定装配设计方案; 3.使用 UG NX 软件,完成横梁的装配设计; 4.使用 UG NX 软件,完成横梁的焊缝设计					
任务描述	横梁是梁柱类焊接结构件,某发电设备制造公司的焊接工艺部接到一项钢结构焊接生产任务,其中横梁是主要结构之一。焊接工艺员根据横梁的零部件的位置关系,编制横梁的装配设计方案,并使用 UG NX 软件完成所有零部件的装配设计,保证横梁装配的位置正确、尺寸准确					
学时安排	资讯 0.2 学时	计划 0.2 学时	决策 0.1 学时	实施 1 学时	检查 0.2 学时	评价 0.3 学时
提供资源	1.横梁焊接装配图; 2.电子教案、课程标准、多媒体课件、教学演示视频及其他共享数字资源; 3.横梁模型; 4.游标卡尺等工具和量具					
对学生学习及成果的要求	1.具备横梁装配图的识读能力; 2.严格遵守实训基地各项管理规章制度; 3.对比横梁零件三维模型与装配图,分析结构是否正确,尺寸是否准确; 4.每名同学均能按照学习导图自主学习,并完成课前自学的问题训练和自学自测; 5.严格遵守课堂纪律,学习态度认真、端正,能够正确评价自己和同学在本任务中的素质表现; 6.每位同学必须积极参与小组工作,承担分析装配顺序、制定装配设计方案、装配设计等工作,做到积极主动不推诿,能够与小组成员合作完成工作任务; 7.每位同学均需独立或在小组同学的帮助下完成任务工作单、装配设计文件等,并提请检查、签认,对提出的建议或有错误务必及时修改; 8.每组必须完成任务工单,并提请教师进行小组评价,小组成员分享小组评价分数或等级; 9.每名同学均完成任务反思,以小组为单位提交					

【学习导图】

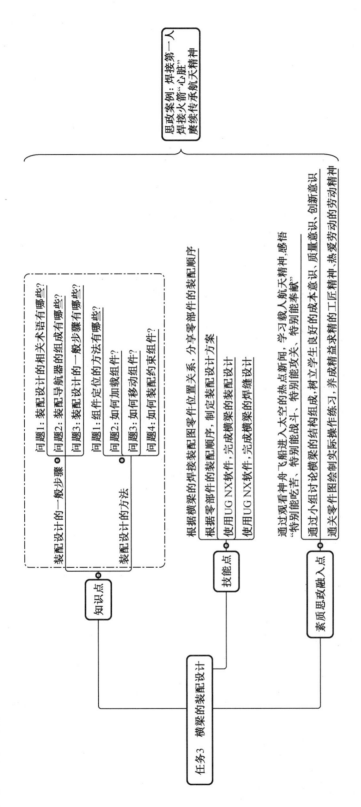

思政案例:焊接"第一人"焊接火箭"心脏"赓续传承航天精神

知识点

装配设计的一般步骤
- 问题1:装配设计的相关术语有哪些?
- 问题2:装配导航器的组成有哪些?
- 问题3:装配设计的一般步骤有哪些?

装配设计的方法
- 问题1:组件定位的方法有哪些?
- 问题2:如何加载组件?
- 问题3:如何移动组件?
- 问题4:如何装配约束组件?

技能点
- 根据横梁的焊接装配零件位置关系,分享零部件的装配顺序
- 根据零部件的装配顺序,制定装配设计方案
- 使用UG NX软件,完成横梁的装配设计
- 使用UG NX软件,完成横梁的焊缝设计

素质思政融入点
- 通过观看神舟飞船进入太空的热点新闻,学习载人航天精神,感悟"特别能吃苦、特别能战斗、特别能攻关、特别能奉献"
- 通过小组讨论横梁的结构组成,树立学生良好的成本意识,养成精益求精的工匠精神、质量意识、创新意识
- 通关零件图绘制实际操作练习,热爱劳动的劳动精神

任务3 横梁的装配设计

装配设计的
一般步骤

【课前自学】

知识点1　装配设计的一般步骤

一个焊接结构件往往是由多个部件组合(装配)而成的,UG NX 软件的装配模块用来建立部件间的相对位置关系,从而形成复杂的装配体。部件间位置关系的确定主要通过添加约束实现。

装配的类型主要有自下而上装配建模和自上而下装配建模两种。在自下而上装配建模中,可以先创建零件,然后将其添加到装配中。使用自上而下装配建模,可以在装配级创建几何体,并可将几何体移动或复制到一个或多个组件中。

一、相关术语

1. 装配

装配是指在装配过程中建立部件之间的相对位置关系,由部件和子装配组成。

2. 部件

任何建模文件都可以作为部件添加到装配文件中。

3. 组件

组件是在装配中按特定位置和方向使用的部件。组件可以是独立的部件,也可以是由其他较低级别的组件组成的子装配。装配中的每个组件仅包含一个指向其主几何体的指针,在修改组件的几何体时,装配体将随之发生变化。

4. 子装配

子装配是在高一级装配中被用作组件的装配,子装配也可以拥有自己的子装配。子装配是相对于引用它的高一级装配来说的,任何一个装配部件都可在更高级装配中作为子装配。

5. 工作部件

工作部件是可以在装配模式下编辑的部件。在装配状态下,一般不能对组件直接进行修改,要修改组件,需要将该组件设为工作部件。部件被编辑后,所做修改的变化会反映到所有引用该部件的组件。

二、装配导航器

为了便于用户管理装配组件,UG NX 软件提供了装配导航器功能。装配导航器在一个单独的对话框中以图形的方式显示出部件的装配结构,并提供了在装配中操控组件的快捷方法。可以使用装配导航器选择组件进行各种操作,以及执行装配管理功能,如更改工作部件、更改显示部件、隐藏和不隐藏组件等。

装配导航器

1. 装配导航器的组成

装配导航器将装配结构显示为对象的树形图,如图1-3-1所示,每个组件都显示为装配树结构中的一个节点。装配导航器的模型树中各部件名称前后有很多图标,不同的图标表示不同的信息。

◆ ✓ :选中此复选标记,表示组件至少已部分打开且未隐藏。

◆ ✓ :取消此复选标记,表示组件至少已部分打开,但不可见。不可见的原因可能是被隐藏、在不可见的层上或在排除引用集中。单击该复选框,系统将完全显示该组件及其子项,图标变成 ✓ 。

◆ □ :此复选标记表示组件关闭,在装配体中将看不到该组件,该组件的图标将变为 （当该组件为非装配或子装配时)或 （当该组件为子装配时)。单击该复选框,系统将完全或部分加载组件及其子项,组件在装配体中显示,该图标变成 ✓ 。

◆ :此标记表示组件被抑制。不能通过单击该图标编辑组件状态,如果要消除抑制状态,可右击,从弹出的快捷菜单中选择【抑制】,然后进行相应操作。

◆ :此标记表示该组件是装配体。

◆ :此标记表示该组件不是装配体,是一个部件。

图 1-3-1　装配导航器

2. 装配导航器的操作

(1)选择组件。单击组件的节点,可以选择单个组件。按住【Ctrl】键可以在装配导航器中选择多个组件。如果要选择的组件是相邻的,可以按住【Shift】键单击选择第一个组件和最后一个组件,则这中间的组件全部被选中。

(2)拖放组件。可在按住鼠标左键的同时选择装配导航器中的一个或多个组件,将它们拖到新位置。松开鼠标左键,目标组件将成为包含该组件的装配体,其按钮也将变为 。

(3)将组件设为工作组件。双击某一组件,可以将该组件设为工作组件,此时可以对工作组件进行编辑(这与在图形区域双击某一组件的效果是一样的)。要取消工作组件状态,只需在根节点处双击即可。

(4)隐藏或仅显示组件。选择某一组件,按住鼠标右键,选择【仅显示】/【隐藏】。

(5)移动/删除组件。选择某一组件,按住鼠标右键,选择【移动】/【删除】。

(6)抑制组件。选择某一组件,按住鼠标右键,选择【抑制】。

三、装配设计步骤

焊接结构件一般是自下而上装配建模,零件模型在建模环境下设计,之后进入装配环

境,进行零部件的装配设计。一般设计步骤如下:

1. 新建装配文件

使用【新建】命令,单击【文件】—【新建】或者按快捷键【Ctrl+N】,弹出【新建文件】对话框,【模型】类别选择【装配】,并输入装配文件名称和路径,单击【确定】完成装配文件新建。

2. 装配第一个组件

按照焊接结构件的位置关系,合理规划装配顺序。按照装配顺序,单击【添加组件】命令,首先加载第一个组件。根据其位置关系,使用【移动组件】命令将加载的组件进行平移或者旋转,初定移动到装配位置。根据其位置关系,使用【装配约束】命令将加载的组件进行精确定位,准确固定到装配位置。

3. 装配其余组件

按照第一个组件的步骤,依次装配其余的组件。如果组件的位置比较特殊,比如镜像、阵列等关系,可以使用【镜像装配】和【阵列组件】等命令快速装配。

4. 保存装配文件

使用【全部保存】命令,保存装配文件。

知识点 2　装配设计的方法

一、组件定位的方法

装配设计的方法

组件定位是指定组件在装配中的定位方式。主要有绝对原点、选择原点、移动和通过约束 4 种定位操作。

1. 绝对原点

使用绝对原点定位,是指执行定位的组件与装配环境坐标系位置保持一致,也就是说按照绝对原点定位的方式确定组件在装配中的位置。通常将执行装配的第一个组件设置为绝对定位方式,其目的是将该基础组件固定在装配体环境中。

2. 选择原点

使用选择原点定位,系统将通过指定原点定位的方式确定组件在装配中的位置,这样该组件的坐标系原点将与选取的点重合。通常情况下添加第一个组件都是通过选择该选项确定组件在装配体中的位置。

3. 移动

将组件加到装配中后,需要相对于指定的基点移动,以将其定位。

4. 通过约束

通过约束方式定位组件就是选取参照对象并设置约束方式,即通过组件参照约束来显示当前组件在整个装配中的自由度,从而获得组件定位效果。其中约束方法包括接触对齐、中心、平行和距离等。

二、加载组件的方法

使用【添加组件】命令可将一个或多个组件部件添加到工作部件。单击【菜单】—【装配】—【组件】—【添加组件】,弹出对话框的参数含义如表 1-3-1 所示。

表1-3-1 【添加组件】对话框的参数含义

【添加组件】对话框	参数说明
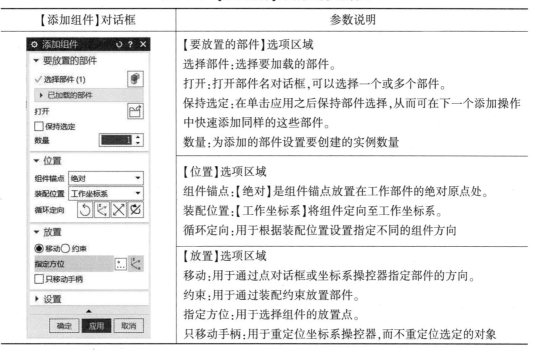	【要放置的部件】选项区域 选择部件:选择要加载的部件。 打开:打开部件名对话框,可以选择一个或多个部件。 保持选定:在单击应用之后保持部件选择,从而可在下一个添加操作中快速添加同样的这些部件。 数量:为添加的部件设置要创建的实例数量
	【位置】选项区域 组件锚点:【绝对】是组件锚点放置在工作部件的绝对原点处。 装配位置:【工作坐标系】将组件定向至工作坐标系。 循环定向:用于根据装配位置设置指定不同的组件方向
	【放置】选项区域 移动:用于通过点对话框或坐标系操控器指定部件的方向。 约束:用于通过装配约束放置部件。 指定方位:用于选择组件的放置点。 只移动手柄:用于重定位坐标系操控器,而不重定位选定的对象

三、移动组件的方法

使用【移动组件】命令可将一个或多个组件部件移动到工作部件。单击【菜单】—【装配】—【组件】—【移动组件】,弹出对话框的参数含义如表1-3-2所示。

移动组件的方法

表1-3-2 【移动组件】对话框的参数含义

【移动组件】对话框	参数说明
![移动组件对话框]	【移动的部件】选项区域 选择组件:用于选择一个或多个要移动的组件
	【变换】选项区域 运动:指定所选组件的移动方式。 【动态】用于通过拖动、使用图形窗口中的场景对话框选项或使用点对话框来重定位组件。 【通过约束】用于通过创建移动组件的约束来移动组件。 【距离】用于定义选定组件的移动距离。 【点到点】用于将组件从选定点移到目标点。 【角度】用于沿着指定矢量按一定角度移动组件。 【根据三点旋转】允许使用三个点旋转组件:枢轴点、起点和终点。 指定方位:使用手柄拖动组件

四、装配约束的方法

使用【装配约束】命令可将一个或多个组件部件移动到工作部件。单击【菜单】—【装配】—【组件】—【装配约束】，弹出对话框的参数含义如表1-3-3所示。

装配约束的方法

表1-3-3 【装配约束】对话框的参数含义

【装配约束】对话框	参数说明
	【类型】选项区域 约束:用于指定约束类型,常用的有 ▶◀、◀▶、▶ᴵ、◎ 等。 运动副或耦合副:用于选择运动副或耦合副的类型
	【要约束的几何体】选项区域 方位:在选择接触对齐 ▶◀ 约束时显示。 【首选接触】当接触约束过度约束装配时,将显示对齐约束。 【接触】约束对象,使其曲面法向在反方向上。 【对齐】约束对象,使其曲面法向在相同的方向上。 【自动判断中心/轴】指定在选择圆柱面、圆锥面、球面或圆形边界时,NX 将自动使用对象的中心或轴作为约束

1. 装配约束类型

装配约束类型主要有11种,具体如下。

(1) ▶◀【接触对齐】约束

【接触对齐】是最常用的约束。接触对齐约束功能是用于定位两个对象接触或者对齐。接触是指对于平面对象,它们共面且法线方向相反;对于圆锥面,系统首先检查其角度是否相等,如果相等,则对齐其轴线;对于圆柱面,要求相配组件直径相等才能对齐轴线。当对齐平面时,使两个面共面且法线方向相同;当对齐圆柱、圆锥等对称实体时,使其轴线相一致;当对齐边缘和线时,使两者共线。

(2) ◎【同心】约束

【同心】约束功能是约束两条圆边或椭圆边以使中心重合并使边的平面共面。

(3) ▶ᴵᴵ◀【距离】约束

【距离】约束功能是指定两个对象之间的3D距离。如果在两条边、两个点或一条边和一个点之间创建距离约束,则正值和负值视作相同。

(4) ⊥【固定】约束

【固定】约束功能是将对象固定在其当前位置。在需要隐含静止对象时,固定约束会很有用。如果没有固定的节点,则整个装配可以自由移动。

(5) ∥【平行】约束

【平行】约束功能是将两个对象的方向矢量定义为相互平行。

(6) ⦜【垂直】约束

【垂直】约束功能是将两个对象的方向矢量定义为相互垂直。

(7) ◄►【对齐/锁定】约束

【对齐/锁定】约束功能是对齐不同对象中的两个轴,同时防止绕公共轴旋转。通常,当需要将螺栓完全约束在孔中时,这将作为约束条件之一。

(8) ＝【配合】约束

【配合】约束功能是约束半径相同的两个对象,例如圆边或椭圆边,圆柱面或球面。配合约束确认中心线重合且半径相等。如果以后半径变为不等,则配合约束变得无效。

(9) ⊞【胶合】约束

【胶合】约束功能是将对象约束到一起以使它们作为刚体移动。胶合约束只能应用于组件,或组件和装配级的几何体。其他对象不可选。

(10) ⊪⊩【中心】约束

【中心】约束功能是使一对对象之间的一个或两个对象居中,或使一对对象沿另一个对象居中。

(11) ◢【角度】约束

【角度】约束功能是指定两个对象(可绕指定轴)之间的角度。角度约束可以在两个具有方向矢量的对象间产生,角度是两个方向矢量的夹角,逆时针方向为正。

2. 装配运动副类型

使用运动副约束两个装配组件,使其运动范围限于所需的方向和限制。有四种运动副类型:铰链副、滑动副、柱面副和球副。两个体之间的铰链副允许一个沿着轴的旋转自由度。铰链副不允许在两个体之间沿任何方向进行平移运动。可以为铰链副设置一个角度值和限制。滑动副允许在两个体之间使用一个沿着矢量的平移自由度。滑动副不允许两个体相对于彼此进行旋转。可以为滑动副设置距离值和限制。两个体之间的柱面副允许两个自由度:一个平移自由度和一个旋转自由度。使用柱面副后,两个体可以相对于彼此绕着或沿着一个矢量任意旋转或平移。可以为柱面副设置距离和角度值以及限制。两个体之间的球副允许三个旋转自由度。可以为球副设置角度值,但不能设置角度限制。每种运动副的应用实例如表1-3-4所示。

表1-3-4　运动副的应用实例

铰链副	滑动副	柱面副	球副

【自学自测】

一、单选题（只有一个正确答案，每题 10 分）

1. 装配是指在装配过程中建立部件之间的_____关系。（   ）

A. 绝对位置 　　　　　　　　　　B. 相对位置

2. 装配导航器将装配结构显示为对象的_____。（   ）

A. 放射图 　　　　　　　　　　　B. 树形图

3. 移动组件可以设置沿 X、Y 和 Z 坐标轴方向_____。（   ）

A. 平移 　　　　　　　　　　　　B. 偏移

二、多选题（有至少 2 个正确答案，每题 20 分）

1. 组件定位主要有_____和_____等定位操作。（   ）

A. 绝对原点 　　　　　　　　　　B. 选择原点

C. 通过约束 　　　　　　　　　　D. 移动

2. 组件的阵列的布局主要有_____等。（   ）

A. 线性 　　　　　　　　　　　　B. 多边形

C. 圆形 　　　　　　　　　　　　D. 椭圆形

3. 装配约束的约束方法包括_____和_____等。（   ）

A. 接触对齐 　　　　　　　　　　B. 中心

C. 平行 　　　　　　　　　　　　D. 距离

三、判断题（每题 10 分）

1. 在装配导航器中，[ ]此复选标记表示组件抑制。（   ）

【任务实施】

　　根据横梁的焊接装配图，分析横梁的零部件之间的位置关系，制定横梁的装配设计方案，使用软件完成横梁的装配设计。

　　1. 新建装配文件

　　单击【文件】—【新建】。打开【新建】对话框，如图 1-3-2 所示，模板选择【装配】，名称输入"横梁"，文件夹选择横梁文件夹，单击【确定】，完成横梁装配文件的新建，如图 1-3-3 所示。

　　2. 装配翼板

　　翼板在横梁的最下面。单击【菜单】—【装配】—【组件】—【添加组件】按钮，弹出【添加组件】对话框，单击【打开】按钮，弹出【打开文件】对话框，选择【翼板】文件，单击【确定】按钮，返回【添加组件】对话框，单击【确定】按钮，完成翼板的添加。

横梁的装配课件

横梁的装配视频

3. 装配腹板

腹板与翼板垂直。单击【菜单】—【装配】—【组件】—【添加组件】按钮,弹出【添加组件】对话框,单击【打开】按钮,弹出【打开文件】对话框,选择【腹板】文件,单击【确定】按钮,返回【添加组件】对话框,单击【确定】按钮,完成腹板的添加。

单击【菜单】—【装配】—【组件位置】—【装配约束】按钮,弹出【装配约束】对话框,【约束类型】选择【接触对齐】,【方位】选择【接触】,选择腹板下底面和翼板上表面。【方位】选择【对齐】,选择腹板的侧面和翼板侧面。【约束类型】选择【距离】,选择腹板的侧面和翼板侧面,距离输入65,单击【确定】按钮,如表1-3-5所示完成腹板的装配。

图 1-3-2　新建装配文件(新建)

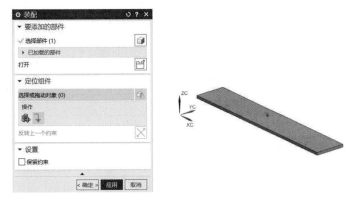

图 1-3-3　新建装配文件(装配)

表 1-3-5　腹板的装配约束

接触对齐	接触对齐	距离	装配结果
需要接触的两个面	需要对齐的两个面	需要选择的两个面	

4. 装配加强板

加强板在腹板的一端。单击【菜单】—【装配】—【组件】—【添加组件】按钮,弹出【添加组件】对话框,单击【打开】按钮,弹出【打开文件】对话框,选择【加强板】文件,单击【确定】按钮,返回【添加组件】对话框,单击【确定】按钮,完成加强板的添加。

单击【菜单】—【装配】—【组件位置】—【装配约束】按钮,弹出【装配约束】对话框,【约束类型】选择【接触对齐】,【方位】选择【接触】,选择加强板的侧面和腹板的侧面。【方位】选择【自动判断中心/轴】,选择加强板和腹板的孔壁。【约束类型】选择【距离】,选择加强板的侧面和腹板的侧面,距离输入 5,单击【确定】按钮,如表 1-3-6 所示完成腹板的装配。

表 1-3-6　腹板的装配约束

接触对齐	接触对齐	距离	装配结果
需要接触的两个面	自动判断中心/轴 选择两个轴线	需要选择的两个面	

单击【菜单】—【装配】—【组件】—【镜像装配】按钮,弹出【镜像装配向导】对话框,单击【下一步】按钮,进入选择组件界面,选择加强板模型,单击【下一步】按钮,进入选择平面界面,单击◈图标,弹出【基准平面】对话框,选择镜像平面 XC-ZC,单击【确定】按钮,返回【镜像装配向导】对话框,单击【下一步】按钮,进入命名策略界面,单击【下一步】按钮。进入镜像类型界面,单击【下一步】按钮,进入最后镜像设置界面,单击【完成】按钮完成镜像装配。

5. 装配翼板

上面的翼板与腹板垂直。参考腹板的装配思路,先使用【添加组件】命令加载翼板,再使用【装配约束】命令,如表 1-3-7 所示完成翼板的装配。

表1-3-7　翼板的装配约束

接触对齐	接触对齐	距离	装配结果
需要接触的两个面	需要对齐的两个面	需要选择的两个面	

6.装配肋板

肋板与腹板和翼板垂直。参考加强板的装配思路,先使用【添加组件】命令加载翼板,再使用【装配约束】命令,如表1-3-8所示完成1个肋板的装配。

表1-3-8　肋板的装配约束

接触对齐	接触对齐	距离	装配结果
需要接触的两个面	需要接触的两个面	需要选择的两个面	

单击【菜单】—【装配】—【组件】—【阵列组件】按钮,弹出【阵列组件】对话框,【要形成阵列的组件】选项区域【选择组件】选择肋板,【阵列定义】选项区域【布局】选择【线性】,【方向1】选项区域【指定矢量】选择 XC 轴,【间距】选择【数量和间隔】,【数量】输入3,【间隔】输入2000,取消勾选【使用方向2】,单击【确定】,完成3个肋板的阵列。

单击【菜单】—【装配】—【组件】—【镜像装配】按钮,弹出【镜像装配向导】对话框,单击【下一步】按钮,进入选择组件界面,选择3个肋板模型,单击【下一步】按钮,进入选择平面界面,单击◇图标,弹出【基准平面】对话框,选择镜像平面 XC-ZC,单击【确定】按钮,返回【镜像装配向导】对话框,单击【下一步】按钮,进入命名策略界面,单击【下一步】按钮,进入镜像类型界面,单击【下一步】按钮,进入最后镜像设置界面,单击【完成】按钮完成镜像装配。

7.装配耳环

耳环在翼板的上方。参考加强板的装配思路,先使用【添加组件】命令加载翼板,再使用【装配约束】命令,如表1-3-9所示完成耳环的装配。

表 1-3-9　耳环的装配约束

接触对齐	距离	距离	装配结果
需要接触的两个面	需要选择的两个面	需要选择的两个面	

8. 保存装配文件。

保存当前装配文件的操作方法是单击【文件】—【保存】—【全部保存】。

【横梁的装配设计工作单】

计划单

学习情境 1	梁柱类焊接结构件设计		任务 3	横梁的装配设计
工作方式	组内讨论、团结协作、共同制定计划,小组成员进行工作讨论,确定工作步骤		计划学时	0.2 学时
完成人	1.　　　2.　　　3.　　　4.　　　5.　　　6.			

计划依据:1. 横梁焊接装配图;2. 横梁装配设计方案

序号	计划步骤	具体工作内容描述
1	准备工作(准备软件、图纸、工具、量具,谁去做?)	
2	组织分工(成立组织,人员具体都完成什么?)	
3	制定焊接装配图识读方案(先识读什么?再分析什么?最后分析什么?)	
4	记录识读与分析结果(横梁的结构组成是什么?每个零件的数量和材料是什么?如何分析横梁整体结构?如何分析零件结构?最后分析横梁的焊接信息?)	
5	整理资料(谁负责?整理什么?)	
制定计划说明	(写出制定计划中人员为完成任务的主要建议或可以借鉴的建议、需要解释的某一方面)	

决策单

学习情境 1	梁柱类焊接结构件设计		任务 3	横梁的装配设计	
决策学时			0.1 学时		

决策目的:横梁装配设计方案对比分析,比较装配质量、装配时间等

	组号 成员	结构完整性 (整体结构)	结构准确性 (零件结构)	焊接工艺性 (焊接信息)	综合评价
工艺方案 对比	1				
	2				
	3				
	4				
	5				
	6				

决策评价	结果:(根据组内成员工艺方案对比分析,对自己的工艺方案进行修改并说明修改原因,最后确定一个最佳方案)

检查单

学习情境 1	梁柱类焊接结构件设计	任务 3	横梁的装配设计
评价学时		课内 0.2 学时	第 组

检查目的及方式	教师监控小组的工作情况，如检查等级为不合格小组需要整改，并拿出整改说明。

序号	检查项目	检查标准	检查结果分级（在检查相应的分级框内画"√"）				
			优秀	良好	中等	合格	不合格
1	准备工作	资源是否已查到、材料是否准备完整					
2	分工情况	安排是否合理、全面,分工是否明确					
3	工作态度	小组工作是否积极主动、全员参与					
4	纪律出勤	是否按时完成负责的工作内容、遵守工作纪律					
5	团队合作	是否相互协作、互相帮助成员是否听从指挥					
6	创新意识	任务完成是否不照搬照抄,看问题是否具有独到见解和创新思维					
7	完成效率	工作单是否记录完整,是否按照计划完成任务					
8	完成质量	工作单填写是否准确,工艺表、程序、仿真结果是否达标					

检查评语		教师签字:

任务评价

小组工作评价单

学习情境1	梁柱类焊接结构件设计		任务3	横梁的装配设计	
评价学时			课内 0.3 学时		
班级			第　　　组		
考核情境	考核内容及要求	分值 （100）	小组自评 （10%）	小组互评 （20%）	教师评价 （70%）	实得分（∑）
汇报展示 （20分）	演讲资源利用	5				
	演讲表达和非语言技巧应用	5				
	团队成员补充配合程度	5				
	时间与完整性	5				
质量评价 （40分）	工作完整性	10				
	工作质量	5				
	报告完整性	25				
团队情感 （25分）	核心价值观	5				
	创新性	5				
	参与率	5				
	合作性	5				
	劳动态度	5				
安全文明 （10分）	工作过程中的安全保障情况	5				
	工具正确使用和保养、放置规范	5				
工作效率 （5分）	能够在要求的时间内完成，每超时5分钟扣1分	5				

小组成员素质评价单

学习情境 1	梁柱类焊接结构件设计		任务 3		横梁的装配设计		
班级		第　组		成员姓名			
评分说明	每个小组成员评价分为自评和小组其他成员评价 2 部分,取平均值计算,作为该小组成员的任务,评价个人分数。评价项目共设计 5 个,依据评分标准给予合理量化打分。小组成员自评分后,要找小组其他成员不记名方式打分						
评分项目	评分标准	自评分	成员 1 评分	成员 2 评分	成员 3 评分	成员 4 评分	成员 5 评分
核心价值观 (20分)	是否有违背社会主义核心价值观的思想及行动						
工作态度 (20分)	是否按时完成负责的工作内容、遵守纪律,是否积极主动参与小组工作,是否全过程参与,是否吃苦耐劳,是否具有工匠精神						
交流沟通 (20分)	是否能良好地表达自己的观点,是否能倾听他人的观点						
团队合作 (20分)	是否与小组成员合作完成任务,做到相互协作、互相帮助、听从指挥						
创新意识 (20分)	看问题是否能独立思考,提出独到见解,是否能够以创新思维解决遇到的问题						
最终小组成员得分							

课后反思

学习情境 2	梁柱类焊接结构件设计	任务 3	横梁的装配设计
班级		第　组	成员姓名	

情感反思	通过对本任务的学习和实训,你认为自己在社会主义核心价值观、职业素养、学习和工作态度等方面有哪些需要提高的部分?
知识反思	通过对本任务的学习,你掌握了哪些知识点? 请画出思维导图。
技能反思	在完成本任务的学习和实训过程中,你主要掌握了哪些技能?
方法反思	在完成本任务的学习和实训过程中,你主要掌握了哪些分析和解决问题的方法?

【课后作业】

设计题

如图 1-3-4 所示为焊接柱的焊接装配图,分析焊接柱的零部件之间的位置关系;使用 UG NX 软件完成焊接柱的装配设计,注意装配位置正确,尺寸准确,装配步骤合理。

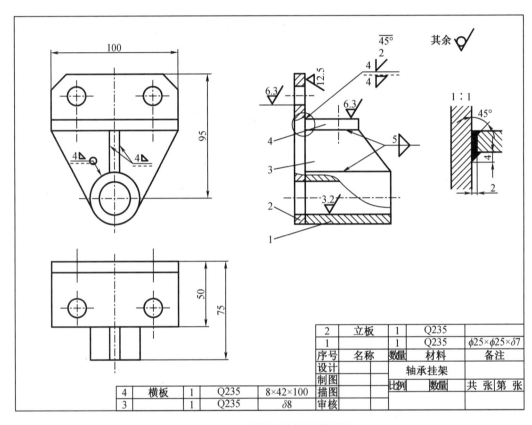

2	立板	1	Q235	
1		1	Q235	$\phi25 \times \phi25 \times \delta7$
序号	名称	数量	材料	备注

设计			轴承挂架	
制图				
描图	比例	数量	共 张 第 张
审核			

| 4 | 横板 | 1 | Q235 | 8×42×100 |
| 3 | | 1 | Q235 | $\delta8$ |

图 1-3-4 焊接柱的焊接装配图

学习情境 2　座架类焊接结构件设计

【情境导入】

　　某发电设备制造公司的焊接工艺部接到一项大型容器的支座焊接生产任务。焊接工艺员需要根据支座的零件图绘制,研讨并制定焊接工艺流程和工艺文件,选用数字化设计软件设计支座的三维结构,达到焊接装配图纸要求。

【学习目标】

知识目标:

1.能够准确描述座架类焊接结构件装配图的焊接符号含义;

2.能够阐述座架类焊接结构件的结构特点;

3.能够阐述座架类焊接结构件的三维造型设计方法;

4.能够阐述座架类焊接结构件装配设计方法。

能力目标:

1.根据支座的焊接装配图纸,分析座架类焊接结构件的结构和焊接符号含义;

2.根据支座的焊接装配图纸信息,绘制支座的零件图;

3.使用 UG NX 软件进行焊接结构件三维造型设计;

4.使用 UG NX 软件进行焊接结构件装配设计。

素质目标:

1.树立成本意识、质量意识、创新意识,养成勇于担当、团队合作的职业素养;

2.养成工匠精神、劳动精神、劳模精神,以劳树德,以劳增智,以劳创新。

【工作任务】

任务 1	支座的零件图绘制	参考学时:课内 4 学时(课外 4 学时)
任务 2	支座的零件模型设计	参考学时:课内 4 学时(课外 4 学时)
任务 3	支座的装配设计	参考学时:课内 2 学时(课外 2 学时)

【特殊焊接技术职业技能等级标准】

特殊焊接技术职业技能等级标准

任务 1　支座的零件图绘制

【任务工单】

学习情境 2	座架类焊接结构件设计	任务 1	支座的零件图绘制
任务学时		4 学时（课外 2 学时）	

布置任务						
任务目标	1. 根据支座的焊接装配图的标题栏和明细表，识读支座的结构组成； 2. 根据支座的焊接装配图的视图和尺寸信息，分析支座的整体结构； 3. 根据支座的焊接装配图的视图和尺寸信息，分析支座零件的结构； 4. 根据支座的焊接装配图的焊接符号和技术要求，识读支座的焊接信息					
任务描述	支座是座架类焊接结构件，某发电设备制造公司的焊接工艺部接到一项大型管道支座焊接生产任务，其中支座是主要结构之一。焊接工艺员需要根据支座的焊接装配图，识读支座的整体结构图和部件图，识读各部件所用金属材料、尺寸和规格，分析各部件的焊接接头形式等焊接信息，形成焊接装配图分析报告					
学时安排	资讯 0.2 学时	计划 0.2 学时	决策 0.1 学时	实施 1 学时	检查 0.2 学时	评价 0.3 学时
提供资源	1. 支座的焊接装配图； 2. 电子教案、课程标准、多媒体课件、教学演示视频及其他共享数字资源； 3. 支座模型； 4. 游标卡尺等工具和量具					
对学生学习及成果的要求	1. 具备焊接装配图的识读能力； 2. 严格遵守实训基地各项管理规章制度； 3. 对比焊接装配图与分析报告，分析结构是否正确、尺寸是否准确； 4. 每名同学均能按照学习导图自主学习，并完成课前自学的问题训练和自学自测； 5. 严格遵守课堂纪律，学习态度认真、端正，能够正确评价自己和同学在本任务中的素质表现； 6. 每位同学必须积极参与小组工作，承担识读支座的结构组成、识读支座的焊接信息、分析支座的整体结构和部件结构等工作，做到能够积极主动不推诿，能够与小组成员合作完成工作任务； 7. 每位同学均需独立或在小组同学的帮助下完成任务工作单、分析报告等，并提请检查、签认，对提出的建议或有错误之处务必及时修改； 8. 每组必须完成任务工单，并提请教师进行小组评价，小组成员分享小组评价分数或等级； 9. 每名同学均完成任务反思，以小组为单位提交					

【学习导图】

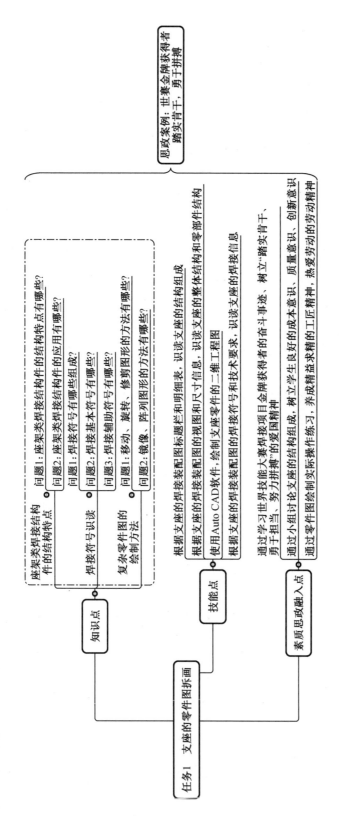

任务1　支座的零件图拆画

知识点
- 座架类焊接结构件的结构特点
  - 问题1：座架类焊接结构件的结构特点有哪些？
  - 问题2：座架类焊接结构件的结构应用有哪些？
- 焊接符号识读
  - 问题1：焊接符号有哪些组成？
  - 问题2：焊接基本符号有哪些？
  - 问题3：焊接辅助符号有哪些？
- 复杂零件图的绘制方法
  - 问题1：移动、旋转、修剪图形的方法有哪些？
  - 问题2：镜像、阵列图形的方法有哪些？

技能点
- 根据支座的焊接装配图标题栏和明细表，识读支座的结构组成
- 根据支座的焊接装配图的视图和尺寸信息，识读支座的整体结构和零部件结构
- 使用Auto CAD软件，绘制支座的二维工程图
- 根据支座的焊接装配图的焊接符号和技术要求，识读支座的焊接信息

素质思政融入点
- 通过学习世界技能大赛焊接项目金牌获得者的奋斗事迹，树立"踏实肯干、勇于拼搏"的爱国精神
- 通过小组讨论支座的结构组成，树立学生良好的成本意识、质量意识、创新意识
- 通过零件图绘制实际操作练习，养成精益求精的工匠精神，热爱劳动的劳动精神

思政案例：世赛金牌获得者踏实肯干，勇于拼搏

【课前自学】

知识点1　座架类焊接结构件的结构特点

座架类焊接结构件常常指支座、底座、支架、格架、骨架等起到支撑作用的焊接结构件。其中格架结构由一系列受拉或受压杆件组合而成,各杆件以节点形式互相连接组成各种形状结构,如桁架、网络刚架和骨架等。骨架结构多用于起重运输机械,通常承受动载荷,故而要求它具有最小的质量和较大的刚度,船体骨架、客车棚架及汽车车厢和驾驶室等均属此类结构。骨架和格架结构的原材料多为各种型钢,有时将两类结构统称为格架桁架结构。

知识点2　焊接符号的识读

常见的焊接接头形式有:对接、搭接和T形接等。焊缝又有对接焊缝、点焊缝和角焊缝等。为了简化图样上焊缝的表示方法,一般应采用焊缝符号表示。焊缝符号一般由基本符号和指引线组成,必要时还可以加上辅助符号、补充符号和焊缝尺寸符号等。

焊接符号的识读

一、基本符号

基本符号是表示焊缝横剖面形状的符号,它采用近似于焊缝横剖面形状的符号表示,见表2-1-1。基本符号采用实线绘制(线宽约为 $0.7b$)。

表2-1-1　基本符号

序号	焊缝名称	示意图	符号
1	I形焊缝		‖
2	Y形焊缝		V
3	单边Y形焊缝		V
4	角焊缝		△

表 2-1-1(续)

序号	焊缝名称	示意图	符号
5	点焊缝		○
6	U 形焊缝		Y

二、辅助符号

辅助符号是表示焊缝表面形状特征的符号,线宽要求同基本符号,见表 2-1-2。无须确切地说明焊缝的表面形状时,可以不用辅助符号。

表 2-1-2　辅助符号

序号	名称	示意图	符号	说明
1	平面符号		—	焊缝表面平齐 (一般通过加工)
2	凹面符号		⌣	焊缝表面凹陷
3	凸面符号		⌢	焊缝表面凸起

三、尺寸符号

基本符号必要时可附带有尺寸符号及数据,这些尺寸符号见表 2-1-3。

表 2-1-3　尺寸符号

符号	名称	示意图	符号	名称	示意图
δ	工件厚度		c	焊缝宽度	
α	坡口角度		R	根部半径	
b	根部间隙		l	焊缝长度	

表 2-1-3(续)

符号	名称	示意图	符号	名称	示意图
p	钝边		n	焊缝段数	$R=3$

四、箭头线的位置

箭头线相对焊缝的位置一般没有特殊要求,可以指在焊缝的正面或反面。但在标注单边 V 形焊缝、带钝边的单边 V 形焊缝、带钝边 J 形焊缝时,箭头线应指向带有坡口一侧的工件,如图 2-1-1 所示。

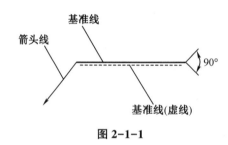

图 2-1-1

五、基准线的位置

基准线一般应与图样的底边平行,但在特殊条件下也可与底边垂直。

基准线的虚线可以画在基准线的实线的上侧或下侧。

六、基本符号相对基准线的位置

当箭头线直接指向焊缝正面时(即焊缝与箭头线在接头的同侧),基本符号应注在基准线的实线侧;反之,基本符号应注在基准线的虚线侧,如图 2-1-2 所示。

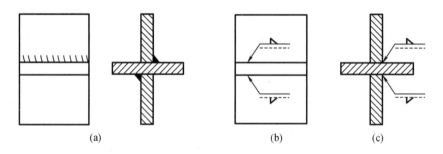

(a)　　　　　　　　(b)　　　(c)

图 2-1-2　基本符号相对基准线的位置

标注对称焊缝和不至于引起误解的双面焊缝时,可不加虚线,如图 2-1-3 所示。

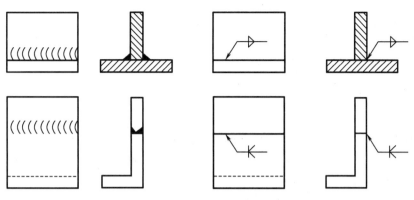

图 2-1-3　对称焊缝的标注

七、焊缝尺寸符号及其标注位置

焊缝尺寸符号及数据的标注位置如图 2-1-4 所示。

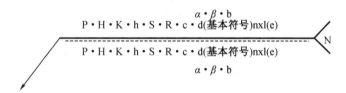

图 2-1-4　焊缝尺寸符号及其标注位置

知识点 3　复杂零件图的绘制方法

复杂零件图
的绘制方法

一、图形移动的方法

1. 移动命令

移动命令是 MOVE(快捷键 M),将选中的对象从当前位置移到另一位置,即更改图形在图纸上的位置。

打开方式是单击【修改】面板—【移动】按钮,执行 MOVE 命令,命令提示栏提示:

◆选择对象:选择要移动位置的对象;

◆选择对象:↙(也可以继续选择对象);

◆指定基点或［位移(D)］<位移>。

2. 移动的操作步骤

(1)指定基点

确定移动基点,为默认项。执行该默认项,即指定移动基点后,命令提示栏提示:

◆指定第二个点(或 <使用第一个点作为位移>);

在此提示下指定一点作为位移第二点,或直接按 Enter 键或 Space 键,将第一点的各坐标分量(也可以看成位移量)作为移动位移量移动对象。

(2)输入位移

根据位移量移动对象。执行该选项,命令提示栏提示:

◆指定位移；

如果在此提示下输入坐标值(直角坐标或极坐标)，软件将所选择对象按与各坐标值对应的坐标分量作为移动位移量移动对象。

二、图形复制的方法

1. 复制命令

复制命令是 COPY，复制对象指将选定的对象复制到指定位置。

单击【修改】面板—【复制】按钮，或输入 COPY 命令，命令提示栏提示：

◆选择对象：选择要复制的对象；

◆选择对象：↙(也可以继续选择对象)；

◆指定基点或[位移(D)/模式(O)]<位移>。

2. 复制的操作步骤

(1)指定基点

确定复制基点，为默认项。执行该默认项，即指定复制基点后，命令提示栏提示：

◆指定第二个点或<使用第一个点作为位移>：

在此提示下再确定一点，AutoCAD 将所选择对象按由两定确定的位移矢量复制到指定位置；如果在该提示下直接按 Enter 键或 Space 键，AutoCAD 将第一点的各坐标分量作为位移量复制对象。

(2)位移

根据位移量复制对象。执行该选项，命令提示栏提示：

◆指定位移：

如果在此提示下输入坐标值(直角坐标或极坐标)，AutoCAD 将所选择对象按与各坐标值对应的坐标分量作为位移量复制对象。

(3)模式(O)

确定复制模式。执行该选项，命令提示栏提示：

◆输入复制模式选项[单个(S)/多个(M)]<多个>：

其中，【单个(S)】选项表示执行 COPY 命令后只能对选择的对象执行一次复制，而【多个(M)】选项表示可以多次复制，AutoCAD 默认为【多个(M)】。

三、图形旋转的方法

1. 旋转命令

旋转命令是 ROTATE，旋转对象指将指定的对象绕指定点(称其为基点)旋转指定的角度。

单击【修改】面板—【旋转】按钮，或输入 ROTATE 命令，命令提示栏提示：

◆选择对象：选择要旋转的对象；

◆选择对象：↙(也可以继续选择对象)；

◆指定基点：确定旋转基点；

◆指定旋转角度，或[复制(C)/参照(R)]。

2. 旋转的操作步骤

(1)指定旋转角度

输入角度值,软件会将对象绕基点转动该角度。在默认设置下,角度为正时沿逆时针方向旋转,反之沿顺时针方向旋转。

(2)复制

创建旋转对象后仍保留原对象。

(3)参照(R)

以参照方式旋转对象。执行该选项,命令提示栏提示:

◆指定参照角:输入参照角度值;

◆指定新角度或【点(P)】<0>:输入新角度值,或通过【点(P)】选项指定两点来确定新角度。

执行结果:软件根据参照角度与新角度的值自动计算旋转角度(旋转角度=新角度－参照角度),然后将对象绕基点旋转该角度。

四、图形缩放的方法

1.缩放命令

缩放命令是 SCALE,缩放对象指放大或缩小指定的对象。单击【修改】面板—【缩放】按钮,或输入 SCALE 命令,命令提示栏提示:

◆选择对象:选择要缩放的对象;

◆选择对象:↙(也可以继续选择对象);

◆指定基点:确定缩放基点;

◆指定比例因子或［复制(C)/参照(R)］。

2.缩放的操作步骤

(1)指定比例因子

确定缩放比例因子,为默认项。执行该默认项,即输入比例因子后按 Enter 键或 Space 键,AutoCAD 将所选择对象根据该比例因子相对于基点缩放,且 0<比例因子<1 时缩小对象,比例因子>1 时放大对象。

(2)复制(C)

创建缩小或放大的对象后仍保留原对象。执行该选项后,根据提示指定缩放比例因子即可。

(3)参照(R)

将对象按参照方式缩放。执行该选项,命令提示栏提示:

◆指定参照长度:输入参照长度的值;

◆指定新的长度或【点(P)】:输入新的长度值或通过【点(P)】选项通过指定两点来确定长度值。

执行结果:AutoCAD 根据参照长度与新长度的值自动计算比例因子(比例因子=新长度值÷参照长度值),并进行对应的缩放。

五、图形镜像的方法

镜像命令是 MIRROR,镜像对象指将选中的对象相对于指定的镜像线进行镜像。打开方式是单击【修改】面板—【镜像】按钮,或输入 MIRROR 命令,命令提示栏提示:

◆选择对象:选择要镜像的对象;

◆选择对象:✓也可以继续选择对象;

◆指定镜像线的第一点:确定镜像线上的一点;

◆指定镜像线的第二点:确定镜像线上的另一点;

◆是否删除源对象?［是(Y)/否(N)］<N>。(根据需要响应即可)

六、图形偏移的方法

1. 偏移命令

偏移命令是 OFFSET,偏移对象指创建同心圆、平行线或等距曲线。单击【修改】面板—【偏移】按钮,或输入 OFFSET 命令,命令提示栏提示:

◆指定偏移距离或［通过(T)/删除(E)/图层(L)］<通过>。

2. 偏移的操作步骤

(1)指定偏移距离

根据偏移距离偏移复制对象。在指定偏移距离或［通过(T)/删除(E)/图层(L)］:提示下直接输入距离值,命令提示栏提示:

◆选择要偏移的对象,或［退出(E)/放弃(U)］<退出>:选择偏移对象;

◆指定要偏移的那一侧上的点,或［退出(E)/多个(M)/放弃(U)］<退出>:在要复制到的一侧任意确定一点,【多个(M)】选项用于实现多次偏移复制;

◆选择要偏移的对象,或［退出(E)/放弃(U)］<退出>:✓可以继续选择对象进行偏移复制。

(2)通过

使偏移复制后得到的对象通过指定的点。

(3)删除

实现偏移源对象后删除源对象。

(4)图层

确定将偏移对象创建在当前图层上还是源对象所在的图层上。

七、图形删除的方法

删除命令是 ERASE,删除指定的对象,就像是用橡皮擦除图纸上不需要的内容。打开方式是单击【修改】面板—【删除】按钮,或输入 ERASE 命令,命令提示栏提示:

◆选择对象:选择要删除的对象;

◆选择对象:✓也可以继续选择对象。

八、图形修剪的方法

1. 修剪命令

修剪命令是 TRIM,用作剪切边的对象修剪指定的对象(称后者为被剪边),即将被修剪对象沿修剪边界(即剪切边)断开,并删除位于剪切边一侧或位于两条剪切边之间的部分。单击【修改】面板—【修剪】按钮,或输入 TRIM 命令,命令提示栏提示:

◆选择剪切边;

◆选择对象或 <全部选择>:选择作为剪切边的对象,按 Enter 键选择全部对象;

◆选择对象:↙(还可以继续选择对象);

◆选择要修剪的对象,或按住 Shift 键选择要延伸的对象,或[栏选(F)/窗交(C)/投影(P)/边(E)/删除(R)/放弃(U)]。

2.修剪的操作步骤

(1)选择要修剪的对象

在上面的提示下选择被修剪对象,软件会以剪切边为边界,将被修剪对象上位于拾取点一侧的多余部分或将位于两条剪切边之间的部分剪切掉。如果被修剪对象没有与剪切边相交,在该提示下按下 Shift 键后选择对应的对象,提示栏则会将其延伸到剪切边。

(2)栏选(F)

以栏选方式确定被修剪对象。

(3)窗交(C)

使与选择窗口边界相交的对象作为被修剪对象。

(4)投影(P)

确定执行修剪操作的空间。

(5)边(E)

确定剪切边的隐含延伸模式。

(6)删除(R)

删除指定的对象。

(7)放弃(U)

取消上一次的操作。

九、图形延伸的方法

1.延伸命令

延伸命令是 EXTEND,延伸对象将指定的对象延伸到指定边界。单击【修改】面板—【延伸】按钮,或输入 EXTEND 命令,命令提示栏提示:

◆选择边界的边...

◆选择对象或 <全部选择>:选择作为边界边的对象,按 Enter 键则选择全部对象;

◆选择对象:↙(也可以继续选择对象);

◆选择要延伸的对象,或按住 Shift 键选择要修剪的对象,或[栏选(F)/窗交(C)/投影(P)/边(E)/放弃(U)]。

2.延伸的操作步骤

(1)选择要延伸的对象

选择对象进行延伸或修剪,为默认项。用户在该提示下选择要延伸的对象,软件把该对象延长到指定的边界对象。如果延伸对象与边界交叉,在该提示下按下 Shift 键,然后选择对应的对象,那么软件会修剪它,即将位于拾取点一侧的对象用边界对象将其修剪掉。

（2）栏选（F）

以栏选方式确定被延伸对象。

（3）窗交（C）

使与选择窗口边界相交的对象作为被延伸对象。

（4）投影（P）

确定执行延伸操作的空间。

（5）边（E）

确定延伸的模式。

（6）放弃（U）

取消上一次的操作。

十、图形阵列的方法

阵列命令是 ARRAY，阵列将选中的对象进行矩形或环形多重复制。单击【修改】面板—【阵列】按钮，或输入 ARRAY 命令，弹出【阵列】对话框，通过对话框形象、直观地进行矩形或环形阵列的相关设置，并实施阵列。

1. 矩形阵列

如图 2-1-5 所示【矩形阵列】对话框（即选中了对话框中的【矩形阵列】单选按钮）。利用其选择阵列对象，并设置阵列行数、列数、行间距、列间距等参数后，即可实现阵列。

图 2-1-5 【矩形阵列】对话框

2. 环形阵列

如图 2-1-6 所示【环形阵列】对话框（即选中了对话框中的【环形阵列】单选按钮）。利用其选择阵列对象，并设置了阵列中心点、填充角度等参数后，即可实现阵列。

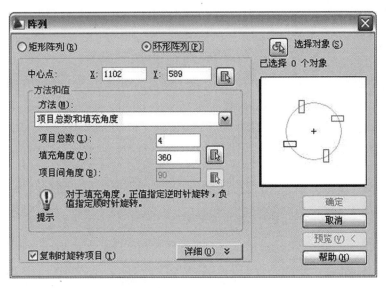

图 2-1-6　【环形阵列】对话框

【自学自测】

一、单选题(只有一个正确答案,每题 10 分)

1. 当箭头线直接指向焊缝正面时(即焊缝与箭头线在接头的同侧),基本符号应注在基准线的_____侧。　　　　　　　　　　　　　　　　　　　　　　　　　　　(　)

A. 虚线　　　　　　　B. 实线　　　　　　　C. 点画线　　　　　D. 双点画线

2. _____命令可以创建同心圆、平行线或等距曲线。　　　　　　　(　)

A. 复制　　　　　　　B. 旋转　　　　　　　C. 偏移　　　　　　D. 镜像

3. _____命令可以创建关于某一直线对称的图形。　　　　　　　　(　)

A. 复制　　　　　　　B. 旋转　　　　　　　C. 偏移　　　　　　D. 镜像

4. _____命令可以创建绕指定点(称其为基点)旋转指定的角度。　(　)

A. 复制　　　　　　　B. 旋转　　　　　　　C. 偏移　　　　　　D. 镜像

二、多选题(有至少 2 个正确答案,每题 20 分)

1. 焊接符号由_____组成。　　　　　　　　　　　　　　　　　　(　)

A. 基本符号　　　　　B. 辅助符号　　　　　C. 尺寸符号　　　　D. 指引线

2. 阵列命令的布局有_____、_____等。　　　　　　　　　　　(　)

A. 方形　　　　　　　B. 矩形　　　　　　　C. 环形　　　　　　D. 圆形

3. 焊接焊缝的类型主要有_____、_____、_____和_____。　(　)

A. 对接焊缝　　　　　B. 搭接焊缝　　　　　C. T 形焊缝　　　　D. 角焊缝

【任务实施】

支座的焊接装配图如图2-1-7所示,识读支座的结构组成、整体结构图和零部件图;分析支座的零部件之间的位置关系;分析零部件焊接的接头形式、坡口、焊接位置等焊接信息,完成装配图分析报告,注意分析报告的焊接专业术语和符号符合相关国家标准。

支座的设计

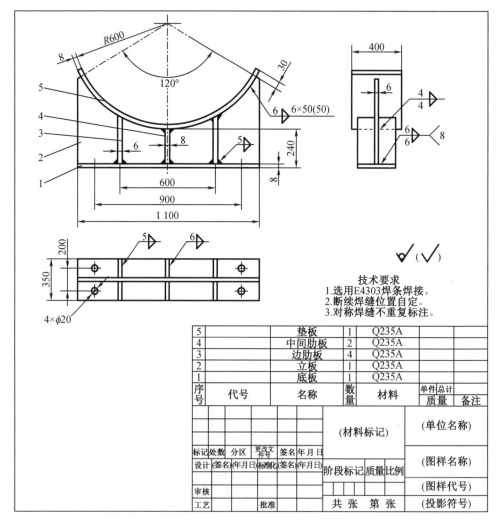

图 2-1-7　支座焊接装配图

一、识读支座的结构组成

从支座的焊接装配图的明细表分析支座由底板、立板、边肋板、中间肋板和垫板等零件组成。其中,底板数量是1个、立板数量是1个、边肋板数量是4个、中间肋板数量是2个、垫板数量是1个,材料都是Q235A。

二、分析支座的整体结构

运用形体分析法分析支座的整体结构,按下面几个步骤进行:

(1)按照投影对应关系将视图中的线框分解为几个部分。

(2)抓住每部分的特征视图,按投影对应关系想象出每个组成部分的形状。

(3)分析确定各组成部分的相对位置关系、组合形式以及表面的连接方式。

(4)最后综合起来想象整体形状。

经过以上四步,支座的整体结构如图2-1-8所示。

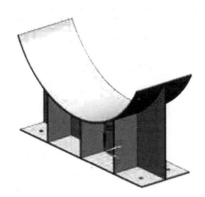

图2-1-8　支座的整体结构

三、分析支座零件的结构

(一)底板

底板的结构简单,为长方体形状,长1 100 mm、宽350 mm、高8 mm。底板的三维模型结构如图2-1-9所示。

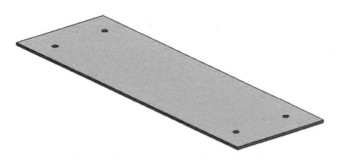

图2-1-9　底板的三维模型结构

1. 新建文件

单击【文件】—【新建】或者按快捷键【Ctrl+N】,打开【选择样板】对话框,文件类型选择【图形(＊.dwg)】,名称输入"底板",文件夹选择支座文件夹,单击【确定】,完成底板文件的新建。

2. 绘制视图

底板零件图的视图(包括主视图和俯视图)如图2-1-10所示。

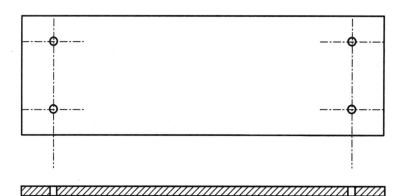

图 2-1-10 底板的主视图和俯视图

第 1 步:打开正交模式,单击【绘图】面板—【矩形】按钮,在绘图区单击一点,命令提示行输入 D 回车,输入长度 1100 回车,输入 350 回车,完成主视图外形的绘制。同理单击【绘图】面板—【矩形】按钮,向下延伸主视图矩形的左下角顶点,单击一点,命令提示行输入 D 回车,输入长度 1100 回车,输入 8 回车,完成俯视图的绘制。

第 2 步:单击【绘图】面板—【直线】按钮,起点是主视图矩形左侧边的中点,向右移动鼠标,输入 100 回车,向上移动鼠标,输入 100 回车,终点是圆的中心。单击【绘图】面板—【圆】按钮,单击直线终点作为圆心,输入 10 回车,完成孔绘制。单击【修改】面板—【阵列】按钮,打开【阵列】对话框,点选【矩形阵列】【选择对象】选择孔,行数输入 2,列数输入 2,行偏移输入 900,列偏移输入 200,阵列角度输入 0,单击【确定】完成孔的阵列。

第 3 步:单击【绘图】面板—【直线】按钮,投影孔到俯视图。单击【绘图】面板—【图案填充】按钮,选择剖面线的边界,完成剖面线填充。

3. 标注尺寸和技术要求

单击【注释】—【线性】,依次标注水平尺寸和竖直尺寸,如图 2-1-11 所示。

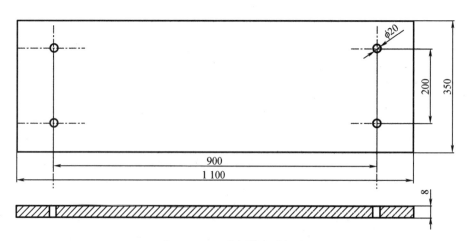

图 2-1-11 底板的尺寸标注

4. 调用图框和标题栏

第 1 步:单击【插入】选项卡—【插入块】按钮,或者在命令提示栏输入"INSERT"回车,弹出【插入】对话框,【名称】输入"标题栏",在绘图区指定标题栏位置,即可完成调用标题栏。双击【零件名称】,修改为"底板",同理,更新标题栏信息如图2-1-12所示。

第2步:单击【注释】面板—【多行文字】按钮,选择技术要求位置,编辑技术要求内容,单击【确定】完成技术要求标注。

底板			材料	比列	图号
			Q235A	1:2	ZZ-001
设计			××学院		
审核					

图2-1-12 底板的标题栏

5. 保存文件

保存当前文件的操作方法是单击【文件】—【保存】或者按快捷键【Ctrl+S】。

(二)立板

立板的结构简单,立板的三维模型结构如图2-1-13所示。

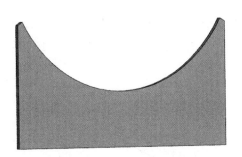

图2-1-13 立板的三维模型结构

1. 新建文件

单击【文件】—【新建】或者按快捷键【Ctrl+N】,打开【选择样板】对话框,文件类型选择【图形(＊.dwg)】,名称输入"立板",文件夹选择支座文件夹,单击【确定】,完成立板文件的新建。

2. 绘制视图

立板零件图的视图(包括主视图和左视图)如图2-1-14所示。

第1步:打开正交模式,单击【绘图】面板—【直线】按钮,在绘图区单击一点,向下移动鼠标,输入848回车,完成第1条直线。向右移动鼠标,输入550回车,完成第2条直线。向上移动鼠标,输入600回车,完成第3条直线。关闭正交模式,以第1条直线起点为起点,向右下移动鼠标,输入630回车,单击Tab键,输入30°回车,完成第4条斜线。

第2步:单击【修改】面板—【镜像】按钮,选择第2、3、4条直线作为镜像对象回车,【镜像线的第一点】选择第1条直线起点,【镜像线的第二点选择】第1条直线终点,完成镜像图形。

第3步:单击【绘图】面板—【圆】按钮,以选择第1条直线起点为圆心,输入半径608回车,完成圆的绘制。

第4步:单击【修改】面板—【修剪】按钮,选择全部线条作为修剪对象回车,如图2-1-14所示,选择需要移除的线条,完成主视图绘制。

第5步:单击【绘图】面板—【直线】按钮,投影主视图的端点,完成绘制左视图。

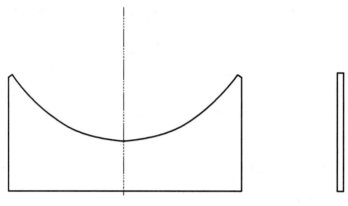

图 2-1-14　立板的主视图和左视图

3. 标注尺寸和技术要求

单击【注释】—【线性】,依次标注水平尺寸和竖直尺寸。单击【注释】—【角度】,标注倒角角度。单击【注释】—【半径】,标注圆的半径,如图 2-1-15 所示。

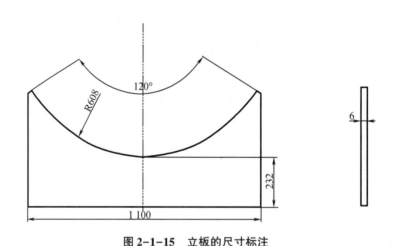

图 2-1-15　立板的尺寸标注

4. 调用图框和标题栏

第1步:单击【插入】选项卡—【插入块】按钮,或者在命令提示栏输入"INSERT"回车,弹出【插入】对话框,【名称】输入"标题栏",在绘图区指定标题栏位置,即可完成调用标题栏。双击【零件名称】,修改为"立板",同理,更新标题栏信息。

第2步:单击【注释】面板—【多行文字】按钮,选择技术要求位置,编辑技术要求内容,单击【确定】完成技术要求标注。

5. 保存文件

保存当前文件的操作方法是单击【文件】—【保存】或者按快捷键【Ctrl+S】。

（三）中间肋板

中间肋板的结构简单,中间肋板的三维模型结构如图2-1-16所示。

图2-1-16　中间肋板的三维模型结构

1. 新建文件

单击【文件】—【新建】或者按快捷键【Ctrl+N】,打开【选择样板】对话框,文件类型选择【图形(＊.dwg)】,名称输入"中间肋板",文件夹选择支座文件夹,单击【确定】,完成中间肋板文件的新建。

2. 绘制视图

中间肋板零件图的视图(包括主视图和俯视图)如图2-1-17所示。

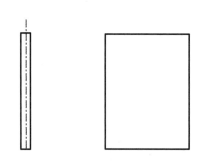

图2-1-17　中间肋板的主视图和俯视图

第1步:打开正交模式,单击【绘图】面板—【直线】按钮,在绘图区单击一点,向下移动鼠标,输入848回车,完成第1条直线。向右移动鼠标,输入4回车,完成第2条直线。向上移动鼠标,输入300回车,完成第3条直线。

第2步:单击【修改】面板—【镜像】按钮,选择第2、3条直线作为镜像对象回车,【镜像线的第一点】选择第1条直线起点,【镜像线的第二点选择】第1条直线终点,完成镜像图形。

第3步:单击【绘图】面板—【圆】按钮,以选择第1条直线起点为圆心,输入半径608回车,完成圆的绘制。

第4步:单击【修改】面板—【修剪】按钮,选择全部线条作为修剪对象回车,如图2-1-17所示,选择需要移除的线条,完成主视图绘制。

第5步:单击【绘图】面板—【直线】按钮,投影主视图的端点,完成绘制左视图。

3. 标注尺寸和技术要求

单击【注释】—【线性】,依次标注水平尺寸和竖直尺寸。单击【注释】—【半径】,标注圆的半径,如图 2-1-18 所示。

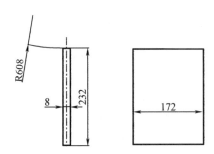

图 2-1-18 中间肋板的尺寸标注

4. 调用图框和标题栏

第 1 步:单击【插入】选项卡—【插入块】按钮,或者命令提示栏输入"INSERT"回车,弹出【插入】对话框,【名称】输入"标题栏",在绘图区指定标题栏位置,即可完成调用标题栏。双击【零件名称】,修改为"中间肋板",同理,更新标题栏信息。

第 2 步:单击【注释】面板—【多行文字】按钮,选择技术要求位置,编辑技术要求内容,单击【确定】完成技术要求标注。

5. 保存文件

保存当前文件的操作方法是单击【文件】—【保存】或者按快捷键【Ctrl+S】。

(四)边肋板

边肋板的结构简单,为三棱柱形状,长 130 mm、宽 50 mm、厚 10 mm。边肋板的三维模型结构如图 2-1-19 所示。

图 2-1-19 边肋板的三维模型结构

1. 新建文件

单击【文件】—【新建】或者按快捷键【Ctrl+N】,打开【选择样板】对话框,文件类型选择【图形(＊.dwg)】,名称输入"边肋板",文件夹选择支座文件夹,单击【确定】,完成边肋板文件的新建。

2. 绘制视图

边肋板零件图的视图(包括主视图和左视图)如图 2-1-20 所示。

第1步:打开正交模式,当前图层选择中心线层,单击【绘图】面板—【直线】按钮,在绘图区单击一点,向下移动鼠标,输入848回车,完成第1条直线。向右移动鼠标,输入300回车,完成第2条直线。向上移动鼠标,输入400回车,完成第3条直线。

第2步:当前图层选择轮廓线层,单击【绘图】面板—【直线】按钮,以第3条直线起点为起点,向右移动鼠标,输入3回车,完成第4条直线。向上移动鼠标,输入350回车,完成第5条直线。

第3步:单击【修改】面板—【镜像】按钮,选择第4、5条直线作为镜像对象回车,【镜像线的第一点】选择第3条直线起点,【镜像线的第二点选择】第3条直线终点,完成镜像图形。

第4步:单击【绘图】面板—【圆】按钮,以选择第1条直线起点为圆心,输入半径608回车,完成圆的绘制。

第4步:单击【修改】面板—【修剪】按钮,选择全部线条作为修剪对象回车,如图2-1-20所示,选择需要移除的线条,完成主视图绘制。

第5步:单击【绘图】面板—【直线】按钮,投影主视图的端点,完成绘制左视图。

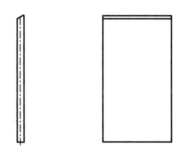

图 2-1-20　边肋板的主视图和左视图

3. 标注尺寸和技术要求

单击【注释】—【线性】,依次标注水平尺寸和竖直尺寸。单击【注释】—【半径】,标注圆的半径,如图2-1-21所示。

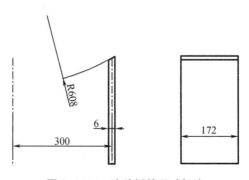

图 2-1-21　边肋板的尺寸标注

4. 调用图框和标题栏

第1步:单击【插入】选项卡—【插入块】按钮,或者在命令提示栏输入"INSERT"回车,弹出【插入】对话框,【名称】输入"标题栏",在绘图区指定标题栏位置,即可完成调用标题栏。双击【零件名称】,修改为"边肋板",同理,更新标题栏信息。

第2步:单击【注释】面板—【多行文字】按钮,选择技术要求位置,编辑技术要求内容,单击【确定】完成技术要求标注。

5. 保存文件

保存当前文件的操作方法是单击【文件】—【保存】或者按快捷键【Ctrl+S】。

(五)垫板

垫板的结构简单,垫板的三维模型结构如图2-1-22所示。

图2-1-22 垫板的三维模型结构

1. 新建文件

单击【文件】—【新建】或者按快捷键【Ctrl+N】,打开【选择样板】对话框,文件类型选择【图形(＊.dwg)】,名称输入"垫板",文件夹选择支座文件夹,单击【确定】,完成垫板文件的新建。

2. 绘制视图

垫板零件图的视图(包括主视图和俯视图)如图2-1-23所示。

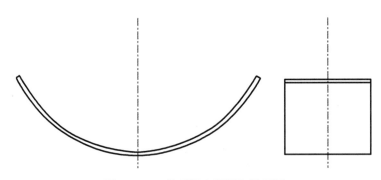

图2-1-23 垫板的主视图和俯视图

第1步:打开正交模式,当前图层选择中心线层,单击【绘图】面板—【直线】按钮,在绘图区单击一点,向下移动鼠标,输入608回车,完成第1条直线。关闭正交模式,当前图层选择轮廓线层,以第1条直线起点为起点,向右下移动鼠标,输入600回车,单击Tab键,输入30°回车,完成第2条斜线。

第2步:单击【修改】面板—【镜像】按钮,选择第2条直线作为镜像对象回车,【镜像线的第一点】选择第1条直线起点,【镜像线的第二点选择】第1条直线终点,完成镜像图形。

第3步:单击【绘图】面板—【圆】按钮,以选择第1条直线起点为圆心,输入半径600回车,完成圆的绘制。

第4步:单击【修改】面板—【修剪】按钮,选择全部线条作为修剪对象回车,选择需要移除的线条,保留中间的圆弧。

第5步:单击【绘图】面板—【直线】按钮,以圆弧右端点为起点,输入30回车,单击 Tab 键,输入60°回车,完成第3条斜线。以圆弧左端点为起点,输入30回车,单击 Tab 键,输入120°回车,完成第4条斜线。

第6步:单击【修改】面板—【偏移】按钮,偏移距离输入8回车,偏移对象选择圆弧和第3、4斜线回车,指定要偏移的那一侧上的点选择外侧,完成曲线偏移。

第7步:单击【绘图】面板—【直线】按钮,使用直线连接两条曲线的端点。

第8步:单击【绘图】面板—【直线】按钮,投影主视图的端点,完成绘制左视图。

3. 标注尺寸和技术要求

单击【注释】—【线性】,依次标注水平尺寸和竖直尺寸。单击【注释】—【角度】,标注倒角角度。单击【注释】—【半径】,标注圆的半径,如图 2-1-24 所示。

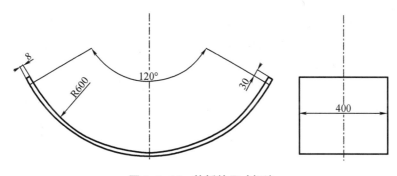

图 2-1-24　垫板的尺寸标注

4. 调用图框和标题栏

第1步:单击【插入】选项卡—【插入块】按钮,或者命令提示栏输入"INSERT"回车,弹出【插入】对话框,【名称】输入"标题栏",在绘图区指定标题栏位置,即可完成调用标题栏。双击【零件名称】,修改为"垫板",同理,更新标题栏信息。

第2步:单击【注释】面板—【多行文字】按钮,选择技术要求位置,编辑技术要求内容,单击【确定】完成技术要求标注。

5. 保存文件

保存当前文件的操作方法是单击【文件】—【保存】或者按快捷键【Ctrl+S】。

四、分析支座的焊接信息

根据支座的焊接装配图的焊接符号,可以分析出焊缝信息。

1. 底板和立板的焊缝信息

采用对称角焊缝,焊角高度为6 mm,选用 E4303 焊条焊接。

2. 底板和中间肋板的焊缝信息

采用对称角焊缝,焊角高度为6 mm,选用 E4303 焊条焊接。

3. 底板和边肋板的焊缝信息

采用对称角焊缝,焊角高度为5 mm,选用 E4303 焊条焊接。

4. 立板和垫板的焊缝信息

采用对称角焊缝,焊角高度为 6 mm,选用 E4303 焊条焊接。

5. 垫板和中间肋板、边肋板的焊缝信息

采用对称角焊缝,焊角高度为 4 mm,选用 E4303 焊条焊接。

【榜样力量】

搜一搜:"95 后首席焊工"是如何用技术突围获得无数奖牌,从一名普通的中专生成长为首席技师的?

请同学结合自身情况,制定一份职业生涯规划。

【支座的零件图绘制工作单】

计划单

学习情境 2	座架类焊接结构件设计	任务 1	支座的零件图绘制	
工作方式	组内讨论、团结协作共同制定计划,小组成员进行工作讨论,确定工作步骤	计划学时	0.5 学时	
完成人	1.　　　 2.　　　 3.　　　 4.　　　 5.　　　 6.			

计划依据:1. 支座的焊接装配图;2. 支座的零件图绘制报告

序号	计划步骤	具体工作内容描述
1	准备工作(准备软件、图纸、工具、量具,谁去做?)	
2	组织分工(成立组织,人员具体都完成什么?)	
3	制定焊接装配图识读方案(先识读什么? 再分析什么? 最后分析什么?)	
4	记录识读与分析结果(横梁的结构组成是什么? 每个零件的数量和材料是什么? 如何分析横梁整体结构? 如何分析零件结构? 最后分析横梁的焊接信息。)	
5	整理资料(谁负责? 整理什么?)	
制定计划说明	(写出制定计划中人员为完成任务的主要建议或可以借鉴的建议、需要解释的某一方面)	

决策单

学习情境2	座架类焊接结构件设计	任务1	支座的零件图绘制
决策学时			0.5 学时

决策目的:支座的零件图绘制报告对比,分析整体结构、零部件结构、焊接信息等

	组号成员	结构完整性 (整体结构)	结构准确性 (零件结构)	焊接工艺性 (焊接信息)	综合评价
工艺方案 对比	1				
	2				
	3				
	4				
	5				
	6				

决策评价	结果:(根据组内成员工艺方案对比分析,对自己的工艺方案进行修改并说明修改原因,最后确定一个最佳方案)

检查单

学习情境2	座架类焊接结构件设计	任务1	支座的零件图绘制
评价学时		课内0.5学时	第　　组

检查目的及方式	教师全过程监控小组的工作情况,如检查等级为不合格小组需要整改,并拿出整改说明

序号	检查项目	检查标准	检查结果分级 (在检查相应的分级框内划"√")				
			优秀	良好	中等	合格	不合格
1	准备工作	资源是否已查到、材料是否准备完整					
2	分工情况	安排是否合理、全面,分工是否明确					
3	工作态度	小组工作是否积极主动、全员参与					
4	纪律出勤	是否按时完成负责的工作内容、遵守工作纪律					
5	团队合作	是否相互协作、互相帮助、成员是否听从指挥					
6	创新意识	任务完成是否不照搬、照抄,看问题是否具有独到见解和创新思维					
7	完成效率	工作单是否记录完整,是否按照计划完成任务					
8	完成质量	工作单填写是否准确,工艺表、程序、仿真结果是否达标					

检查 评语		教师签字:

任务评价

小组工作评价单

学习情境 2	座架类焊接结构件设计		任务 1		支座的零件图绘制	
评价学时			课内 0.5 学时			
班级			第　　组			
考核情境	考核内容及要求	分值（100）	小组自评（10%）	小组互评（20%）	教师评价（70%）	实得分（$\sum$）
汇报展示（20 分）	演讲资源利用	5				
	演讲表达和非语言技巧应用	5				
	团队成员补充配合程度	5				
	时间与完整性	5				
质量评价（40 分）	工作完整性	10				
	工作质量	5				
	报告完整性	25				
团队情感（25 分）	核心价值观	5				
	创新性	5				
	参与率	5				
	合作性	5				
	劳动态度	5				
安全文明（10 分）	工作过程中的安全保障情况	5				
	工具正确使用和保养、放置规范	5				
工作效率（5 分）	能够在要求的时间内完成，每超时 5 分钟扣 1 分	5				

小组成员素质评价单

学习情境2	座架类焊接结构件设计		任务1		支座的零件图绘制		
班级		第　组		成员姓名			
评分说明	每个小组成员评价分为自评和小组其他成员评价2部分,取平均值计算,作为该小组成员的任务评价个人分数。评价项目共设计5个,依据评分标准给予合理量化打分。小组成员自评分后,要找小组其他成员不记名方式打分						

评分项目	评分标准	自评分	成员1评分	成员2评分	成员3评分	成员4评分	成员5评分
核心价值观(20分)	是否有违背社会主义核心价值观的思想及行动						
工作态度(20分)	是否按时完成负责的工作内容、遵守纪律,是否积极主动参与小组工作,是否全过程参与,是否吃苦耐劳,是否具有工匠精神						
交流沟通(20分)	是否能良好地表达自己的观点,是否能倾听他人的观点						
团队合作(20分)	是否与小组成员合作完成任务,做到相互协作、互相帮助、听从指挥						
创新意识(20分)	看问题是否能独立思考,提出独到见解,是否能够以创新思维解决遇到的问题						
最终小组成员得分							

课后反思

学习情境 2	座架类焊接结构件设计	任务 1	支座的零件图绘制
班级	第　组	成员姓名	
情感反思	通过对本任务的学习和实训,你认为自己在社会主义核心价值观、职业素养、学习和工作态度等方面有哪些需要提高的部分?		
知识反思	通过对本任务的学习,你掌握了哪些知识点?请画出思维导图。		
技能反思	在完成本任务的学习和实训过程中,你主要掌握了哪些技能?		
方法反思	在完成本任务的学习和实训过程中,你主要掌握了哪些分析和解决问题的方法?		

【课后作业】

设计题

如图 2-1-25 所示为轴承托架的焊接装配图,识读轴承托架的结构组成、整体结构图和零部件图;分析轴承托架的零部件之间的位置关系;分析零部件焊接的接头形式、坡口、焊接位置等焊接信息;完成装配图分析报告,注意分析报告的焊接专业术语和符号符合相关国家标准。

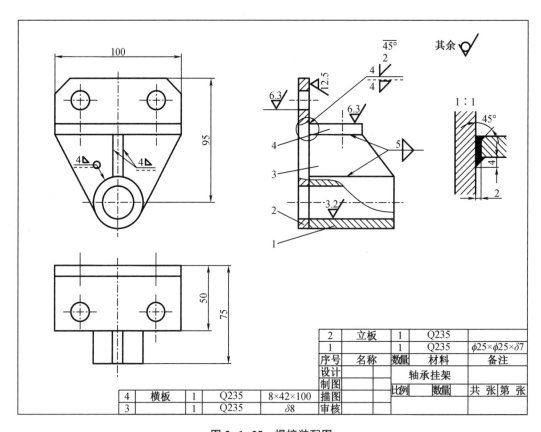

图 2-1-25 焊接装配图

任务 2　支座的零件模型设计

【任务工单】

学习情境 2	座架类焊接结构件设计		任务 2		支座的零件模型设计	
任务学时				4 学时(课外 2 学时)		
布置任务						
任务目标	1.根据支座的零部件结构特点,合理制定设计方案; 2.使用 UG NX 软件,完成支座的零部件三维造型设计					
任务描述	支座是座架类焊接结构件,某发电设备制造公司的焊接工艺部接到一项大型管道的支座焊接生产任务,其中支座是主要结构之一。焊接工艺员根据支座的零部件结构特点,编制每个零件的设计方案,并使用 UG NX 软件完成所有零部件的三维造型设计,保证零件的结构正确、尺寸准确					
学时安排	资讯 0.2 学时	计划 0.2 学时	决策 0.1 学时	实施 1 学时	检查 0.2 学时	评价 0.3 学时
提供资源	1.支座焊接装配图; 2.电子教案、课程标准、多媒体课件、教学演示视频及其他共享数字资源; 3.支座模型; 4.游标卡尺等工具和量具					
对学生学习及成果的要求	1.学生具备支座的焊接装配图的识读能力; 2.严格遵守实训基地各项管理规章制度; 3.对比支座的零部件三维模型与零件图,分析结构是否正确、尺寸是否准确; 4.每名同学均能按照学习导图自主学习,并完成课前自学的问题训练和自学自测; 5.严格遵守课堂纪律,学习态度认真、端正,能够正确评价自己和同学在本任务中的素质表现; 6.每位同学必须积极参与小组工作,承担编制设计方案、三维模型设计等工作,做到积极主动不推诿,能够与小组成员合作完成工作任务; 7.每位同学均需独立或在小组同学的帮助下完成任务工作单、加工工艺文件、数控编程文件、仿真加工视频等,并提请检查、签认,对提出的建议或有错误务之处必及时修改; 8.每组必须完成任务工单,并提请教师进行小组评价,小组成员分享小组评价分数或等级; 9.每名同学均完成任务反思,以小组为单位提交					

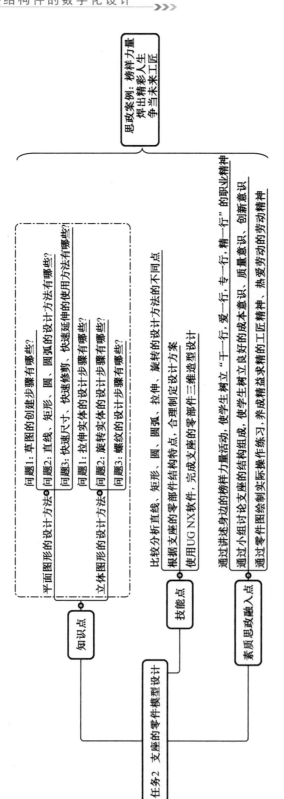

【学习导图】

思政案例：榜样力量
焊出精彩人生
争当未来工匠

知识点

平面图形的设计方法

问题1：草图的创建步骤有哪些？
问题2：直线、矩形、圆、圆弧的设计方法有哪些？
问题3：快速修剪、快速延伸的使用方法有哪些？

立体图形的设计方法

问题1：拉伸实体的设计步骤有哪些？
问题2：旋转实体的设计步骤有哪些？
问题3：螺纹的设计步骤有哪些？

技能点

比较分析直线、矩形、圆、圆弧、拉伸、旋转的设计方法的不同点

根据支座的零部件结构特点，合理制定设计方案

使用UG NX软件，完成支座的零部件三维造型设计

素质思政融入点

通过讲述身边的榜样力量活动，使学生树立"干一行，爱一行，专一行，精一行"的职业精神

通过小组讨论支座的结构组成，使学生树立良好的成本意识、质量意识、创新意识

通过零件图绘制实际操作练习，养成精益求精的工匠精神，热爱劳动的劳动精神

任务2 支座的零件模型设计

· 102 ·

平面图形的设计方法

【课前自学】

知识点1　平面图形的设计方法

一、草图的创建方法

草图的创建方法

草图平面是用于画草图曲线的平面(可以是坐标平面、基准平面或实体表面)。

在【主页】选项卡的【直接草图】中,单击【草图】按钮或单击【菜单】—【插入】—【草图】,弹出的【创建草图】对话框见表2-2-1。

表2-2-1　【创建草图】对话框的参数含义

【创建草图】对话框	参数说明
![创建草图对话框]	【类型】:【基于平面】 【草图平面】选项区域 显示主平面:绘图区显示基准平面XY、平面XZ、平面YZ。 选择草图平面或面:选择现有平面。 反转平面法向:指定平面方向。
	【方位】选项区域 选择水平参考:指定草图平面的水平参考方向。 反转水平方向:指定水平方向。 指定原点:指定草图平面的坐标原点。

二、直线的设计方法

直线是指用于构建单一线段。系统提供了两种输入模式。

1. 直线的对话框

单击【主页】选项卡【直接草图】组的【直线】按钮,弹出【直线】对话框。

直线的设计方法

【输入模式】有XY坐标模式和参数模式两种。

XY坐标模式:以输入XC坐标值和YC坐标值来确定直线上的点。

参数模式:输入与直线方法相对应的参数确定直线上的点,如宽度、长度和角度。

2. 直线的设计步骤

第1步:单击【直线】按钮,弹出【直线】对话框,默认XY坐标模式,输入直线起点的XC坐标值和YC坐标值,完成直线的起点设置。

第2步:输入直线的长度和角度,完成直线绘制。

三、矩形的设计方法

矩形是指使用【按2点】【按3点】【从中心】等方法创建矩形。系统提供了三种绘制矩形的方法和两种输入模式。

矩形的设计方法

1. 矩形的对话框

单击【主页】选项卡【直接草图】组的【矩形】按钮，弹出【矩形】对话框，如图2-2-1所示。

图2-2-1 【矩形】对话框

（1）矩形方法：

【按2点】：利用两个对角点来绘制矩形，矩形的边分别与X轴和Y轴平行。

【按3点】：利用三个点来绘制矩形，第一点与第二点定义矩形的高度和角度，第三点定义矩形的宽度。

【从中心】：利用三个点来绘制矩形，第一点定义矩形的中心点，第二点定义矩形的宽度和角度，第三点定义矩形的高度。

（2）输入模式：

XY坐标模式：以输入XC坐标值和YC坐标值来确定矩形上的点。

参数模式：输入与矩形方法相对应的参数确定矩形上的点，如宽度、长度和角度。

2. 矩形的设计步骤

（1）按2点创建矩形。

第1步：单击【矩形】按钮，弹出【矩形】对话框，选择【按2点】方法。

第2步：选择矩形第一点，或者输入第一点的XC坐标值和YC坐标值。

第3步：选择矩形第二点（第一点的对角点），或者输入宽度和高度。

（2）按3点创建矩形。

第1步：单击【矩形】按钮，弹出【矩形】对话框，选择【按3点】方法。

第2步：选择矩形第一点，或者输入第一点的XC坐标值和YC坐标值。

第3步：选择矩形第二点，或者输入宽度、高度和角度。

第4步：选择矩形第三点。

（3）从中心创建矩形。

第1步：单击【矩形】按钮，弹出【矩形】对话框，选择【从中心】方法。

第2步：选择矩形中心点，或者输入中心点的XC坐标值和YC坐标值。

第3步：输入宽度、高度、角度。

四、圆的设计方法

圆是指构建整圆。系统提供了两种绘制圆的方法和两种输入模式。

圆的设计方法

1.圆的对话框

单击【主页】选项卡【直接草图】组的【圆】按钮,弹出圆对话框,如图 2-2-2 所示。

(1)圆方法:

【圆心和直径定圆】:利用圆心和直径来画圆。

【三点定圆】:利用圆弧上三个点来画圆。

图 2-2-2　【圆】对话框

(2)输入模式:

XY 坐标模式:以输入 XC 坐标值和 YC 坐标值来确定圆上的点。

参数模式:输入与圆方法相对应的参数确定圆上的点,如宽度、长度和角度。

2.圆的设计步骤

(1)圆心和直径定圆创建圆。

第 1 步:单击【圆】按钮,弹出圆对话框,选择 ⊙ 图标。

第 2 步:选择圆心,或者输入圆心的 XC 坐标值和 YC 坐标值。

第 3 步:输入直径值。

(2)三点定圆创建圆。

第 1 步:单击【圆】按钮,弹出圆对话框,选择 ◯ 图标。

第 2 步:选择圆周上第一点,或者输入第一点的 XC 坐标值和 YC 坐标值。

第 3 步:选择圆周上第二点,或者输入第二点的 XC 坐标值和 YC 坐标值。

第 4 步:选择圆周上第三点,或者输入第三点的 XC 坐标值和 YC 坐标值。

五、圆弧的设计方法

圆弧是指构建单段圆弧。系统提供了两种绘制圆弧的方法和两种输入模式。

圆弧的设计方法

1.圆弧的对话框

单击【主页】选项卡【直接草图】组的【圆弧】按钮,弹出圆弧对话框,如图 2-2-3 所示。

图 2-2-3　【圆弧】对话框

(1)圆弧画法:

【三点定圆弧】:利用圆弧上三个点来画圆弧。

【圆心和端点定圆弧】:利用圆心和圆弧上的起点、终点来画圆弧。

（2）输入模式：

XY 坐标模式：以输入 XC 坐标值和 YC 坐标值来确定圆弧上的点。

参数模式：输入与圆弧方法相对应的参数确定圆弧上的点，如宽度、长度和角度。

2. 圆弧的设计步骤

（1）三点定圆弧创建圆弧。

第 1 步：单击【圆弧】按钮，弹出圆弧对话框，选择 ⌒ 图标。

第 2 步：选择圆弧起点，或者输入起点的 XC 坐标值和 YC 坐标值。

第 3 步：选择圆弧终点，或者输入终点的 XC 坐标值和 YC 坐标值。

第 4 步：选择圆弧中间点，或者输入中间点的 XC 坐标值和 YC 坐标值。

（2）圆心和端点定圆弧创建圆弧。

第 1 步：单击【圆弧】按钮，弹出圆弧对话框，选择 ⌒ 图标。

第 2 步：选择圆弧圆点，或者输入圆点的 XC 坐标值和 YC 坐标值。

第 3 步：选择圆弧起点，或者输入起点的 XC 坐标值和 YC 坐标值。

第 4 步：选择圆弧终点，或者输入终点的 XC 坐标值和 YC 坐标值。

六、快速尺寸的标注方法

快速尺寸用于限制草图形状的大小。单击【主页】选项卡【直接草图】组的【快速尺寸】按钮，弹出快速尺寸对话框，见表 2-2-2。

表 2-2-2 【快速尺寸】对话框的参数含义

【快速尺寸】对话框	参数说明
	【参考】选项区域
	选择第一个对象：用于选择与尺寸的第一条指引线关联的几何元素。
	选择第二个对象：用于选择与尺寸的第二条指引线关联的几何元素。
	【测量】选项区域
	自动判断：根据所选择的草图对象和光标位置，自动判断尺寸类型并建立尺寸约束。
	水平：在两个特征点之间建立与 XC 轴平行的距离尺寸约束。
	竖直：在两个特征点之间建立与 YC 轴平行的距离尺寸约束。
	点到点：在两个特征点之间建立一个与两点连线平行的距离尺寸约束。
	垂直：建立点与线的垂直距离尺寸约束。
	斜角：在两条直线之间建立角度尺寸约束。
	径向：建立圆弧或圆的半径尺寸约束。
	直径：建立圆弧或圆的直径尺寸约束。

七、快速修剪的使用方法

快速修剪可以将曲线修剪至最近相交的物体。单击【主页】选项卡【直接草图】组的【快速修剪】按钮，弹出【快速修剪】对话框，如表 2-2-3 所示。

表 2-2-3　【快速修剪】对话框的参数含义

【快速修剪】对话框	参数说明
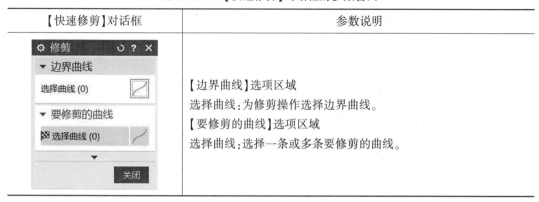	【边界曲线】选项区域 选择曲线:为修剪操作选择边界曲线。 【要修剪的曲线】选项区域 选择曲线:选择一条或多条要修剪的曲线。

八、快速延伸的使用方法

快速延伸可以将曲线延伸至最近相交的物体。单击【主页】选项卡【直接草图】组的【快速延伸】按钮,弹出【快速延伸】对话框,见表 2-2-4。

表 2-2-4　【快速延伸】对话框的参数含义

【快速延伸】对话框	参数说明
	【边界曲线】选项区域 选择曲线:为延伸操作选择边界曲线。 【要延伸的曲线】选项区域 选择曲线:选择一条或多条要延伸的曲线。

知识点 2　立体图形的设计方法

立体图形的设计方法

一、拉伸实体的设计方法

拉伸是指将截面对象沿指定的方向做线性扫描而生成实体。单击【主页】选项卡【特征】组中的【拉伸】按钮,或者【菜单】—【插入】—【设计特征】—【拉伸】,或者快捷键 X,打开【拉伸】对话框,见表 2-2-5。

拉伸实体的设计方法

【拉伸】的使用方法如下:

第 1 步:选择曲线、几何对象边缘或绘制截面草图。

第 2 步:指定拉伸方向。

第 3 步:设置拉伸的起始位置和终止位置。

第 4 步:设置布尔运算。

第 5 步:设置拉伸体的拔模角度。

第6步:设置拉伸对象在垂直于拉伸方向上的延伸。

第7步:设置创建实体还是片体。

第8步:单击【确定】按钮。

表2-2-5 【拉伸】对话框的参数含义

【拉伸】对话框	参数说明
	【截面】选项区域 选择曲线:用于选择截面的曲线、边、草图或面进行拉伸。
	【方向】选项区域 指定矢量:用于定义拉伸截面的方向。
	【限制】选项区域 起始:【值】为拉伸特征的起点指定数值。在截面上方的值为正,在截面下方的值为负。 距离:起始限制的值。 终止:【值】为拉伸特征的终点指定数值,从截面起测量。 距离:终止限制的值。 开放轮廓智能体:沿着开口端点延伸开放轮廓几何体以找到目标体的闭口。
	【布尔】选项区域 无:创建独立的拉伸实体。 合并:将拉伸空间体与目标体合并为单个体。 减去:从目标体移除拉伸空间体。 相交:创建一个体,这个体包含由拉伸特征和与之相交的现有体共享的空间体。
	【拔模】选项区域 从起始限制:创建从拉伸起始限制开始的拔模。 从截面:创建从拉伸截面开始的拔模。 从截面非对称角度:在从截面的两侧延伸拉伸特征时可用。
	【偏置】选项区域 单侧:将单侧偏置添加到拉伸特征。这种偏置可填充孔,从而创建凸台,简化部件的开发。 两侧:向具有开始与结束值的拉伸特征添加偏置。
	【设置】选项区域 体类型:【实体】是创建实体;【片体】创建片体。

二、旋转实体的设计方法

旋转是指由截面图形绕着指定的参考轴旋转而产生实体。单击【主页】选项卡【特征】组中的【旋转】按钮,或选择【菜单】—【插入】—【设计

旋转实体的设计方法

特征】—【旋转】按钮,打开旋转对话框,如表2-2-6所示。

【旋转】的使用方法如下:

第1步:选择曲线、几何对象边缘或绘制截面草图。

第2步:指定旋转方向和截面旋转基点。

第3步:设置旋转的起始位置和终止位置。

第4步:设置布尔运算。

第5步:设置旋转对象在垂直于旋转方向上的延伸。

第6步:设置创建实体还是片体。

第7步:单击【确定】按钮。

表2-2-6　【旋转】对话框的参数含义

【旋转】对话框	参数说明
	【截面】选项区域
	选择曲线:用于选择截面的曲线、边、草图或面进行旋转。
	【轴】选项区域
	指定矢量:用于选择并定位旋转轴。
	指定点:用于选择旋转中心。
	【限制】选项区域
	起始:【值】用于指定旋转角度的值,从截面起测量。
	角度:指定旋转的起始角。
	结束:【值】用于指定旋转角度的值,从截面起测量。
	角度:指定旋转的终止角。
	开放轮廓智能体:沿着开口端点延伸开放轮廓几何体以找到目标体的闭口。
	【布尔】选项区域
	无:创建独立的旋转实体。
	合并:将两个或多个体的旋转体组合为单个体。
	减去:从目标体移除旋转体。
	相交:创建一个体,这个体包含旋转与其相交的现有体共享的空间体。
	【拔模】选项区域
	从起始限制:创建从旋转起始限制开始的拔模。
	从截面:创建从旋转截面开始的拔模。
	从截面非对称角度:在从截面的两侧延伸旋转特征时可用。
	【偏置】选项区域
	两侧:将偏置添加到旋转截面的一侧或两侧。
	开始/结束:为偏置指定线性尺寸的起点与终点。正值与负值都有效。
	【设置】选项区域
	体类型:【实体】是创建实体;【片体】创建片体。

【榜样力量】

查一查:本校国际级、国家级、省级技能大赛的获奖者?

这位获奖者是如何训练的? 如何克服各种困难的? 如何追求"更快、更精、更强"的?

【自学自测】

一、单选题(只有一个正确答案,每题 10 分)

1._____约束是定义两个或多个圆(圆弧)的中心在同一位置。   (   )

A.重合   B.共线   C.同心   D.中心

2._____约束是定义两条或多条直线,使其在同一直线上。   (   )

A.重合   B.共线   C.同心   D.中心

3.拉伸是指将截面对象沿指定的方向做_____扫描而生成实体。   (   )

A.线性   B.平移   C.旋转   D.恒定

4.旋转是指由截面图形绕着指定的参考轴_____而产生实体。   (   )

A.线性   B.平移   C.旋转   D.恒定

二、多选题(有至少 2 个正确答案,每题 20 分)

1.绘制矩形的方法有_____。   (   )

A.按 2 点   B.按 3 点   C.按 4 点   D.从中心

2.绘制圆的方法有_____等。   (   )

A.圆心和直径定圆   B.圆心和半径定圆

C.三点定圆   D.四点定圆

3.绘制圆弧的方法有_____。   (   )

A.三点定圆弧   B.四点定圆弧

C.圆心和起点定圆弧   D.圆心和端点定圆弧

【任务实施】

支座由底板、立板、中间肋板、边肋板和垫板等零件组成。

一、底板模型设计

1.新建文件

单击【文件】—【新建】或者按快捷键【Ctrl+N】,打开【新建】对话框,模板选择【模型】,名称输入"底板",文件夹选择支座文件夹,单击【确定】,完成底板文件的新建。

2.草图的设计

单击【菜单】—【插入】—【草图】,弹出【创建草图】对话框。【类型】选择【基于平面】,选择平面 XC-YC。单击【确定】,进入草图环境。

底板的设计课件

底板的设计视频

（1）绘制矩形

单击【矩形】按钮，弹出【矩形】对话框，选择【从中心】方法，输入中心点的坐标值 XC=0，YC=0，输入宽度1100，高度350，角度0，完成矩形绘制。

（2）绘制圆

单击【圆】按钮，弹出【圆】对话框，选择【圆心和直径定圆】方法，输入圆心的坐标值 XC=450，YC=100，输入直径20，完成圆绘制。

（3）阵列圆

单击【阵列曲线】按钮，弹出【阵列曲线】对话框，【要阵列的曲线】选项区域，【选择曲线】选择圆，【布局】选择【线性】。【方向1】选项区域，选择 XC 轴，【间距】选择【数量和间隔】，【数量】输入2，【节距】输入-900。【方向2】选项区域，勾选【使用方向2】，选择 YC 轴，【间距】选择【数量和间隔】，【数量】输入2，【节距】输入-200，完成圆阵列。

单击【完成草图】按钮，完成草图的设计。

3. 拉伸底板

单击【拉伸】按钮，弹出【拉伸】对话框，截面线选项底板草图，【指定矢量】选择 ZC 轴。开始距离输入0，结束距离输入8，单击【确定】按钮，完成底板的设计。

4. 保存文件

保存当前文件的操作方法是单击【文件】—【保存】—【保存】或者按快捷键【Ctrl+S】。

二、立板模型设计

1. 新建文件

单击【文件】—【新建】或者按快捷键【Ctrl+N】，打开【新建】对话框，模板选择【模型】，名称输入【立板】，文件夹选择支座文件夹，单击【确定】，完成立板文件的新建。

立板的设计课件

2. 草图的设计

单击【菜单】—【插入】—【草图】，弹出【创建草图】对话框。【类型】选择【基于平面】，选择平面 XC-YC。单击【确定】，进入草图环境。

立板的设计视频

（1）绘制直线

单击【直线】按钮，弹出【直线】对话框，默认 XY 坐标模式方法，输入起点的坐标值 XC=0，YC=0，输入长度550，角度0，完成第1条直线绘制。

选择第一条直线终点，输入长度840，角度90，完成第2条直线绘制。

输入起点的坐标值 XC=0，YC=848，输入长度630，角度330，完成第3条直线绘制。

（2）镜像曲线

单击【镜像曲线】按钮，弹出【镜像曲线】对话框，【要镜像的曲线】选择3条直线，【中心线】选择 YC 轴，单击【确定】，完成直线的镜像。

（3）绘制圆

单击【圆】按钮，弹出【圆】对话框，选择【圆心和直径定圆】方法，输入圆心的坐标值 XC=0，YC=848，输入半径1216，完成圆绘制。

（4）修剪曲线

单击【快速修剪】按钮，弹出【快速修剪】对话框，选择多余的曲线，完成草图绘制如图2-2-4所示。

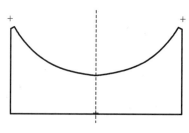

图 2-2-4　立板草图设计

3. 拉伸立板

单击【拉伸】按钮，弹出【拉伸】对话框，截面线选项立板草图，【指定矢量】选择 ZC 轴。开始限制选择【对称值】，距离输入 6，单击【确定】按钮，完成立板的设计。

4. 保存文件

保存当前文件的操作方法是单击【文件】—【保存】或者按快捷键【Ctrl+S】。

三、中间肋板模型设计

中间肋板的结构简单，与长方体形状相似，但是有一个面是曲面。

1. 新建文件

单击【文件】—【新建】或者按快捷键【Ctrl+N】，打开【新建】对话框，模板选择【模型】，名称输入"中间肋板"，文件夹选择支座文件夹，单击【确定】，完成中间肋板文件的新建。

2. 草图的设计

单击【菜单】—【插入】—【草图】，弹出【创建草图】对话框。【类型】选择【基于平面】，选择平面 XC-YC。单击【确定】，进入草图环境。

（1）绘制直线

单击【直线】按钮，弹出【直线】对话框，默认 XY 坐标模式方法，输入起点的坐标值 XC=0，YC=0，输入长度 4，角度 0，完成第 1 条直线绘制。

选择第一条直线终点，输入长度 840，角度 90，完成第 2 条直线绘制。

（2）镜像曲线

单击【镜像曲线】按钮，弹出【镜像曲线】对话框，【要镜像的曲线】选择 2 条直线，【中心线】选择 YC 轴，单击【确定】，完成直线的镜像。

（3）绘制圆弧

单击【圆】按钮，弹出【圆】对话框，选择【圆心和直径定圆】方法，输入圆心的坐标值 XC=0，YC=848，输入半径 1216，完成圆绘制。

（4）修剪曲线

单击【快速修剪】按钮，弹出【快速修剪】对话框，选择多余的曲线，完成草图绘制。

3. 拉伸中间肋板

单击【拉伸】按钮,弹出【拉伸】对话框,截面线选项中间肋板草图,【指定矢量】选择 ZC 轴。开始距离输入 0,结束距离输入 172,单击【确定】按钮,完成中间肋板的设计。

4. 保存文件

保存当前文件的操作方法是单击【文件】—【保存】或者按快捷键【Ctrl+S】。

四、边肋板模型设计

边肋板的结构简单,与长方体形状相似,但是有一个面是曲面。

1. 新建文件

单击【文件】—【新建】或者按快捷键【Ctrl+N】,打开【新建】对话框,模板选择【模型】,名称输入【边肋板】,文件夹选择支座文件夹,单击【确定】,完成边肋板文件的新建。

2. 草图的设计

单击【菜单】—【插入】—【草图】,弹出【创建草图】对话框。【类型】选择【基于平面】,选择平面 XC-YC。单击【确定】按钮,进入草图环境。

(1)绘制直线

单击【直线】按钮,弹出【直线】对话框,默认 XY 坐标模式方法,输入起点的坐标值 XC=303,YC=400,输入长度 400,角度 270,完成第 1 条直线绘制。

选择第 1 条直线终点,输入长度 6,角度 180,完成第 2 条直线绘制。

选择第 2 条直线终点,输入长度 400,角度 90,完成第 3 条直线绘制。

(2)绘制圆弧

单击【圆】按钮,弹出【圆】对话框,选择【圆心和直径定圆】方法,输入圆心的坐标值 XC=0,YC=848,输入半径 1216,完成圆绘制。

(3)修剪曲线

单击【快速修剪】按钮,弹出【快速修剪】对话框,选择多余的曲线,完成草图绘制。

3. 拉伸边肋板

单击【拉伸】按钮,弹出【拉伸】对话框,截面线选项边肋板草图,【指定矢量】选择 ZC 轴。开始距离输入 0,结束距离输入 172,单击【确定】按钮,完成边肋板的设计。

4. 保存文件

保存当前文件的操作方法是单击【文件】—【保存】或者按快捷键【Ctrl+S】。

五、垫板模型设计

1. 新建文件

单击【文件】—【新建】或者按快捷键【Ctrl+N】,打开【新建】对话框,模板选择【模型】,名称输入"垫板",文件夹选择支座文件夹,单击【确定】,完成垫板文件的新建。

垫板的设计课件

2. 草图的设计

单击【菜单】—【插入】—【草图】,弹出【创建草图】对话框。【类型】选择【基于平面】,选择平面 XC-YC。单击【确定】,进入草图环境。

(1)绘制圆弧

单击【圆弧】按钮,弹出【圆弧】对话框,选择【中心和端点定圆弧】方法,输入圆心的坐标值 XC=0,YC=848,输入半径 608,扫掠角 120,完成圆弧绘制。

垫板的设计视频

（2）绘制直线

单击【直线】按钮，弹出【直线】对话框，默认 XY 坐标模式方法，选择圆弧起点作为直线起点，输入长度 30，直线与圆弧相切，完成第 1 条直线绘制。

选择圆弧终点作为直线起点，输入长度 30，直线与圆弧相切，完成第 2 条直线绘制。

（3）偏置曲线

单击【偏置曲线】按钮，弹出【偏置曲线】对话框，【要偏置的曲线】选择圆弧和 2 条直线，【距离】输入 8，单击【确定】，完成曲线的偏置。

（4）绘制直线

单击【直线】按钮，弹出【直线】对话框，默认 XY 坐标模式方法，将两个曲线用直线连接，完成草图绘制。

3. 拉伸垫板

单击【拉伸】按钮，弹出【拉伸】对话框，截面线选项垫板草图，【指定矢量】选择 ZC 轴。开始限制选择【对称值】，距离输入 400，单击【确定】按钮，完成垫板的设计。

4. 保存文件

保存当前文件的操作方法是单击【文件】—【保存】或者按快捷键【Ctrl+S】。

【支座的零件模型设计工作单】

计划单

学习情境 2	座架类焊接结构件设计		任务 2	支座的零件模型设计	
工作方式	组内讨论、团结协作共同制定计划，小组成员进行工作讨论，确定工作步骤		计划学时	0.5 学时	
完成人	1.　　2.　　3.　　4.　　5.　　6.				

计划依据：1. 支座焊接装配图；2. 支座零件图

序号	计划步骤	具体工作内容描述
1	准备工作（准备软件、图纸、工具、量具，谁去做？）	
2	组织分工（成立组织，人员具体都完成什么？）	
3	制定焊接装配图识读方案（先识读什么？再分析什么？最后分析什么？）	
4	记录识读与分析结果（横梁的结构组成是什么？每个零件的数量和材料是什么？如何分析横梁整体结构？如何分析零件结构？最后分析横梁的焊接信息。）	
5	整理资料（谁负责？整理什么？）	
制定计划说明	（写出制定计划中人员为完成任务的主要建议或可以借鉴的建议、需要解释的某一方面）	

决策单

学习情境 2	座架类焊接结构件设计	任务 2	支座的零件模型设计
决策学时			0.5 学时

决策目的:零部件设计方案对比分析,比较设计质量、设计时间等

	组号 成员	结构完整性 (整体结构)	结构准确性 (零件结构)	焊接工艺性 (焊接信息)	综合评价
工艺方案 对比	1				
	2				
	3				
	4				
	5				
	6				

	结果:(根据组内成员工艺方案对比分析,对自己的工艺方案进行修改并说明修改原因,最后确定一个最佳方案)
决策评价	

检查单

学习情境 2	座架类焊接结构件设计	任务 2	支座的零件模型设计
	评价学时	课内 0.5 学时	第 组

检查目的及方式　教师全过程监控小组的工作情况,如检查等级为不合格小组需要整改,并拿出整改说明

序号	检查项目	检查标准	检查结果分级 (在检查相应的分级框内画"√")				
			优秀	良好	中等	合格	不合格
1	准备工作	资源是否已查到、材料是否准备完整					
2	分工情况	安排是否合理、全面,分工是否明确					
3	工作态度	小组工作是否积极主动、全员参与					
4	纪律出勤	是否按时完成负责的工作内容、遵守工作纪律					
5	团队合作	是否相互协作、互相帮助、成员是否听从指挥					
6	创新意识	任务完成是否不照搬、照抄,看问题是否具有独到见解和创新思维					
7	完成效率	工作单是否记录完整,是否按照计划完成任务					
8	完成质量	工作单填写是否准确,工艺表、程序、仿真结果是否达标					

检查评语		教师签字:

任务评价

小组工作评价单

学习情境 2	座架类焊接结构件设计		任务 2	支座的零件模型设计		
评价学时			课内 0.5 学时			
班级			第　组			
考核情境	考核内容及要求	分值（100）	小组自评（10%）	小组互评（20%）	教师评价（70%）	实得分（$\sum$）
汇报展示（20分）	演讲资源利用	5				
	演讲表达和非语言技巧应用	5				
	团队成员补充配合程度	5				
	时间与完整性	5				
质量评价（40分）	工作完整性	10				
	工作质量	5				
	报告完整性	25				
团队情感（25分）	核心价值观	5				
	创新性	5				
	参与率	5				
	合作性	5				
	劳动态度	5				
安全文明（10分）	工作过程中的安全保障情况	5				
	工具正确使用和保养、放置规范	5				
工作效率（5分）	能够在要求的时间内完成，每超时5分钟扣1分	5				

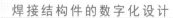

小组成员素质评价单

学习情境 2	座架类焊接结构件设计		任务 2		支座的零件模型设计			
班级		第　组		成员姓名				
评分说明	每个小组成员评价分为自评和小组其他成员评价 2 部分,取平均值计算,作为该小组成员的任务评价个人分数。评价项目共设计 5 个,依据评分标准给予合理量化打分。小组成员自评分后,要找小组其他成员不记名方式打分							
评分项目	评分标准	自评分	成员 1 评分	成员 2 评分	成员 3 评分	成员 4 评分	成员 5 评分
核心价值观 (20 分)	是否有违背社会主义核心价值观的思想及行动						
工作态度 (20 分)	是否按时完成负责的工作内容、遵守纪律,是否积极主动参与小组工作,是否全过程参与,是否吃苦耐劳,是否具有工匠精神						
交流沟通 (20 分)	是否能良好地表达自己的观点,是否能倾听他人的观点						
团队合作 (20 分)	是否与小组成员合作完成任务,做到相互协作、互相帮助、听从指挥						
创新意识 (20 分)	看问题是否能独立思考,提出独到见解,是否能够以创新思维解决遇到的问题						
最终小组成员得分							

课后反思

学习情境 2	座架类焊接结构件设计	任务 2	支座的零件模型设计
班级	第　　组	成员姓名	
情感反思	通过对本任务的学习和实训,你认为自己在社会主义核心价值观、职业素养、学习和工作态度等方面有哪些需要提高的部分?		
知识反思	通过对本任务的学习,你掌握了哪些知识点?请画出思维导图。		
技能反思	在完成本任务的学习和实训过程中,你主要掌握了哪些技能?		
方法反思	在完成本任务的学习和实训过程中,你主要掌握了哪些分析和解决问题的方法?		

【课后作业】

设计题

　　如图 2-2-5 所示为轴承托架的焊接装配图,识读轴承托架的结构组成、整体结构图和零部件图;使用 UG NX 软件完成轴承托架零部件的三维模型设计,注意结构正确,尺寸准确,设计步骤合理。

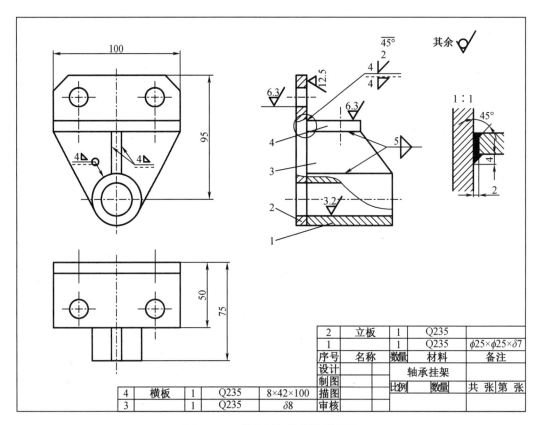

2	立板	1	Q235	
1		1	Q235	$\phi25\times\phi25\times\delta7$
序号	名称	数量	材料	备注
设计			轴承挂架	
制图				
描图		比例	数量	共 张 第 张
审核				

4	横板	1	Q235	8×42×100
3		1	Q235	δ8

图 2-2-5　轴承托架的焊接装配图

任务3　支座的装配设计

【任务工单】

学习情境五	座架类焊接结构件设计		任务3	支座的装配设计	
任务学时			4学时（课外2学时）		
布置任务					
任务目标	1.根据支座的焊接装配图零件位置关系,分析零部件的装配顺序; 2.根据零部件的装配顺序,制定装配设计方案; 3.使用UG NX软件,完成支座的装配设计				
任务描述	支座是座架类焊接结构件,某发电设备制造公司的焊接工艺部接到一项压力容器支座焊接生产任务,其中支座是主要结构之一。焊接工艺员根据支座的零部件的位置关系,编制支座的装配设计方案,并使用UG NX软件完成所有零部件的装配设计,保证支座装配的位置正确、尺寸准确				
学时安排	资讯 0.2学时	计划 0.2学时	决策 0.1学时	实施 1学时	检查 0.2学时	评价 0.3学时
提供资源	1.支座焊接装配图; 2.电子教案、课程标准、多媒体课件、教学演示视频及其他共享数字资源; 3.支座模型; 4.游标卡尺等工具和量具				
对学生学习 及成果的 要求	1.具备支座装配图的识读能力; 2.严格遵守实训基地各项管理规章制度; 3.对比支座零件三维模型与装配图,分析结构是否正确,尺寸是否准确; 4.每名同学均能按照学习导图自主学习,并完成课前自学的问题训练和自学自测; 5.严格遵守课堂纪律,学习态度认真、端正,能够正确评价自己和同学在本任务中的素质表现; 6.每位同学必须积极参与小组工作,承担分析装配顺序、制定装配设计方案、装配设计等工作,做到积极主动不推诿,能够与小组成员合作完成工作任务; 7.每位同学均需独立或在小组同学的帮助下完成任务工作单、装配设计文件等,并提请检查、签认,对提出的建议或有错误务必及时修改; 8.每组必须完成任务工单,并提请教师进行小组评价,小组成员分享小组评价分数或等级; 9.每名同学均完成任务反思,以小组为单位提交。				

【学习导图】

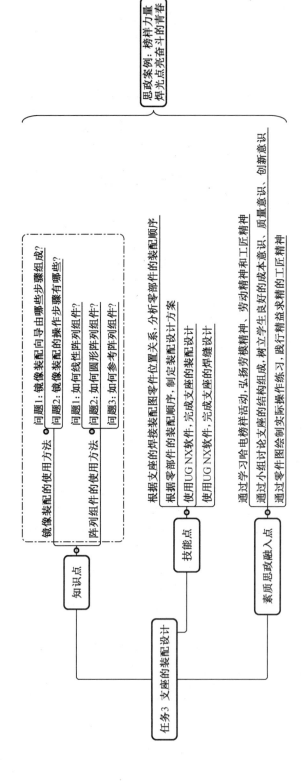

【课前自学】

镜像装配的
使用方法课件

知识点1　镜像装配的使用方法

复杂焊接结构件中,尤其座架类焊接结构件,经常有对称的组件。使用镜像装配方法可以先创建装配的一侧,再创建镜像版本以形成装配白

镜像装配的
使用方法视频

一、镜像装配向导

单击【菜单】—【装配】—【组件】—【镜像装配】,或者工具栏中【装配】选项卡【组件】组【镜像装配】按钮,打开【镜像装配向导】对话框,按照欢迎使用、选择组件、选择平面、命名策略、镜像检查等五步,完成镜像装配如图2-3-1所示。

图2-3-1　【镜像装配向导】对话框

1.欢迎使用

【欢迎使用】在没有预先选择组件时出现,提供镜像装配向导的一般介绍。

2.选择组件

【选择组件】允许选择要镜像的组件。

3.选择平面

【选择平面】可用于选择或创建完成选定装配或组件镜像所基于的平面。可以指定是否对绝对原点也进行镜像。如果选中对所有镜像装配或组件的绝对原点位置进行镜像☑复选框,镜像对象则使用镜像的绝对原点。镜像绝对原点的方向与源对象绝对原点的方向相同。如果取消选中对所有镜像装配或组件的绝对原点位置进行镜像☐复选框,镜像对象则使用源对象的绝对原点。可以创建基准平面,单击◇图标,打开基准平面对话框,在其中可以创建基准平面或修改现有基准平面。

4.命名策略

【命名策略】允许为新部件定义命名策略。【命名规则】允许向名称中添加前缀或后缀,或替换原始名称中的字符串。【目录规则】允许将新部件添加到与父部件相同的目录中,或

为新部件指定另一个目录。【浏览】允许导航至所需的目录,或在框中键入目录路径。注意重用和重定位镜像类型的部件无须重命名,因为它与其源部件是同一部件。通过镜像装配命令创建的新部件的名称必须唯一。

5. 镜像检查

【镜像检查】允许更正在镜像设置页面上定义的任何默认操作。可以选择多个行,以同时对多个组件进行更改。

二、镜像装配的操作步骤

第1步:单击【菜单】—【装配】—【组件】—【镜像装配】,打开镜像装配向导对话框,如图2-3-2所示,镜像装配向导欢迎页面打开,单击【下一步】按钮。

图2-3-2　欢迎使用界面

第2步:在绘图区,选择要镜像的组件,如图2-3-3所示,单击【下一步】按钮。

图2-3-3　选择组件界面

第3步:单击创建基准平面◇图标,如图2-3-4所示,单击【下一步】按钮。弹出【基准平面】对话框,如图2-3-5所示,选择镜像平面XC-ZC,单击【确定】按钮,返回【镜像装配向导】对话框,单击【下一步】按钮。

图2-3-4　选择平面界面　　　　　　　　图2-3-5　【基准平面】对话框

第4步:命名策略,如图2-3-6所示,单击【下一步】按钮。进入镜像类型界面,如图2-3-7所示,单击【下一步】按钮,进入最后镜像设置界面,单击【完成】按钮完成镜像装配。

图2-3-6　命名策略界面

图2-3-7　镜像类型界面

知识点2　阵列组件的使用方法

当焊接结构件中存在多个相同结构的零件,并且零件的位置有一定规律时,可以使用阵列组件的方法快速完成装配。单击【菜单】—【装

阵列组件的
使用方法课件

配】—【组件】—【阵列组件】,或者工具栏中【装配】选项卡【组件】组【阵列组件】按钮,打开【阵列组件】对话框,进行阵列设置。这里的阵列方法主要线性、圆形、参考、多边形、平面螺旋等,见表2-3-1。

阵列组件的
使用方法视频

表2-3-1　阵列组件实例

线性阵列组件	圆形阵列组件	参考阵列组件	多边形阵列组件	螺旋阵列组件

一、线性阵列组件的方法

线性阵列组件的操作步骤如表2-3-2所示。

表2-3-2　线性阵列组件的操作步骤

【线性阵列组件】对话框	操作步骤	简图
	1.【要形成阵列的组件】选项区域 选择组件:选择螺钉。	
	2.【阵列定义】选项区域 布局:选择【线性】。	
	3.【方向1】选项区域 指定矢量:选择XC轴。 间距:数量和间隔。 数量:2。 间隔:80。	
	4.【方向2】选项区域 使用方向2:勾选。 指定矢量:选择YC轴。 间距:数量和间隔。 数量:2。 间隔:80。	

二、圆形阵列组件的方法

圆形阵列组件的操作步骤见表2-3-3。

表2-3-3 圆形阵列组件的操作步骤

【圆形阵列组件】对话框	操作步骤	简图
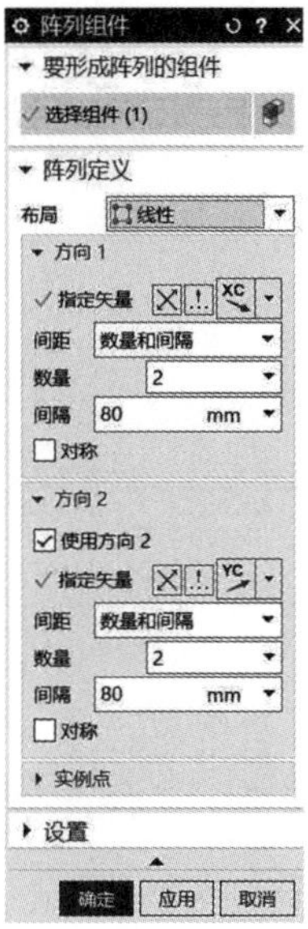	1.【要形成阵列的组件】选项区域 选择组件:选择模型。	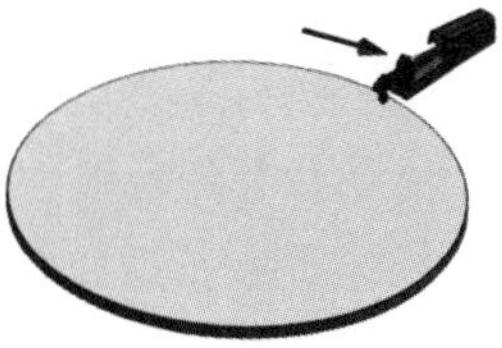
	2.【阵列定义】选项区域 布局:选择【圆形】。	
	3.【旋转轴】选项区域 指定矢量:选择 ZC 轴。 指定点:选择坐标原点。	
	4.【斜角方向】选项区域 间距:数量和间隔。 数量:8。 间隔角:45。	

三、参考阵列组件的方法

参考阵列组件的操作步骤见表2-3-4。

表2-3-4 参考阵列组件的操作步骤

【参考阵列组件】对话框	操作步骤	简图
	1.【要形成阵列的组件】选项区域 选择组件:选择螺钉。	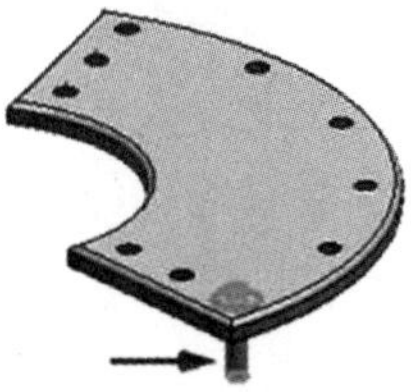
	2.【阵列定义】选项区域 布局:选择【参考】。	
	3.【参考】选项区域 选择阵列:选择右图的阵列。 选择基本实例手柄。	
	阵列结果	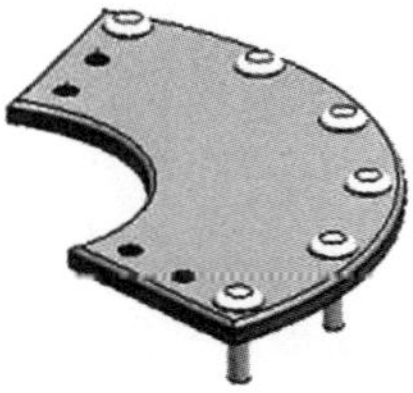

【自学自测】

一、单选题（只有一个正确答案，每题 10 分）

1. 使用参考阵列组件的前提条件是_____。 （　）
   A. 模型存在镜像特征 　　　　　　　 B. 模型存在参考特征
   C. 模型存在阵列特征 　　　　　　　 D. 模型存在扫掠特征

2. 使用平面螺旋阵列组件的前提条件是_____。 （　）
   A. 模型存在曲线 　　　　　　　　　 B. 模型存在螺旋线
   C. 模型存在样条曲线 　　　　　　　 D. 模型存在双曲线

二、多选题（有至少 2 个正确答案，每题 20 分）

1. 阵列组件的布局有_____。 （　）
   A. 长方形 　　　　B. 线性 　　　　C. 圆形 　　　　D. 三角形

2. 镜像装配向导主要包括_____等步骤。 （　）
   A. 选择组件 　　　B. 选择平面 　　　C. 命名策略 　　　D. 镜像检查

三、判断题（每题 20 分）

1. 通过镜像装配命令创建的新部件的名称必须唯一。 （　）

2. 如果取消选中对所有镜像装配或组件的绝对原点位置进行镜像的复选框，镜像对象则使用镜像的绝对原点。 （　）

【任务实施】

根据支座的焊接装配图，分析支座的零部件之间的位置关系，制定支座的装配设计方案，使用软件完成支座的装配设计。

1. 新建装配文件

单击【文件】—【新建】。打开新建文件对话框。模板选择【装配】，名称输入"支座"，文件夹选择支座文件夹，单击【确定】，完成支座装配文件的新建。

支座的装配课件

2. 装配底板

底板是在支座的最下面，安装从下到上的装配顺序进行装配，因此第一个装配零件是底板。使用【添加组件】命令，加载底板文件，底板的坐标系与支座总装配体的坐标系一致，单击【确定】按钮，完成底板的装配。

支座的装配视频

3. 装配立板

立板与底板垂直。先使用【添加组件】命令，加载立板文件；在使用移动组件命令，将立板旋转 90°。最后使用装配约束命令，约束立板与底板接触，并约束立板与底板的侧面距离，完成立板的装配。

单击【菜单】—【装配】—【组件位置】—【装配约束】按钮，弹出【装配约束】对话框，【约束类型】选择【接触对齐】,【方位】选择【接触】,选择立板下底面和底板上表面。【方位】选择【对齐】,选择立板的侧面和底板侧面。【约束类型】选择【距离】,选择立板的侧面和底板侧面,距离输入172,单击【确定】按钮,如表2-3-5所示完成腹板的装配。

表2-3-5　立板的装配约束

接触对齐	接触对齐	距离	装配结果
需要接触的两个面	需要对齐的两个面	需要选择的两个面	

4. 装配中间肋板

中间肋板与底板、立板垂直。先使用【添加组件】命令,加载中间肋板文件。

单击【菜单】—【装配】—【组件位置】—【装配约束】按钮,弹出【装配约束】对话框,【约束类型】选择【接触对齐】,【方位】选择【接触】,选择中间肋板侧面和底板上表面。【方位】选择【接触】,选择中间肋板侧面和立板侧面。【约束类型】选择【距离】,选择中间肋板侧面和立板侧面,距离输入546,单击【确定】按钮,如表2-3-6所示完成1个中间肋板的装配。

表2-3-6　中间肋板的装配约束

接触对齐	接触对齐	距离	装配结果
需要接触的两个面	需要接触的两个面	需要选择的两个面	

中间肋板有两个,位置关系是关于立板对称,第2个中间肋板使用镜像装配命令进行装配。单击【菜单】—【装配】—【组件】—【镜像装配】按钮,弹出【镜像装配向导】对话框,欢迎使用镜像装配,单击【下一步】按钮,进入选择组件界面,选择中间肋板模型,单击【下一步】按钮,进入选择平面界面,单击◇图标,弹出【基准平面】对话框,选择镜像平面XC-ZC,单击【确定】按钮,返回【镜像装配向导】对话框,单击【下一步】按钮,进入命名策略界面,单击【下一步】按钮。进入镜像类型界面,单击【下一步】按钮,进入最后镜像设置界面,单击【完成】按钮完成镜像装配。

5. 装配边肋板

边肋板与底板、立板垂直。参考中间肋板的装配思路,先使用【添加组件】命令,加载边肋板文件;在使用装配约束命令,约束边肋板与底板接触、边肋板与立板接触,并约束的边肋板与底板侧面距离,完成1个边肋板的装配。

单击【菜单】—【装配】—【组件位置】—【装配约束】按钮,弹出【装配约束】对话框,【约束类型】选择【接触对齐】,【方位】选择【接触】,选择边肋板侧面和底板上表面。【方位】选择【接触】,选择边肋板侧面和立板侧面。【约束类型】选择【距离】,选择边肋板侧面和立板侧面,距离输入247,单击【确定】按钮,如表2-3-7所示完成1个边肋板的装配。

表2-3-7 边肋板的装配约束

接触对齐	接触对齐	距离	装配结果
需要接触的两个面	需要接触的两个面	需要选择的两个面	

边肋板的数量是4个,位置关系是关于立板和中间肋板对称。可以使用镜像装配命令,依次镜像,完成4个边肋板镜像装配。

单击【菜单】—【装配】—【组件】—【镜像装配】按钮,弹出【镜像装配向导】对话框,欢迎使用镜像装配,单击【下一步】按钮,进入选择组件界面,选择边肋板模型,单击【下一步】按钮,进入选择平面界面,单击◈图标,弹出【基准平面】对话框,选择镜像平面XC-ZC,单击【确定】按钮,返回【镜像装配向导】对话框,单击【下一步】按钮,进入命名策略界面,单击【下一步】按钮。进入镜像类型界面,单击【下一步】按钮,进入最后镜像设置界面,单击【完成】按钮完成镜像装配。同理,选择2个边肋板作为镜像对象,选择平面YC-ZC作为镜像平面,完成边肋板的镜像装配。

6. 装配垫板

垫板的位置在立板上方。先使用【添加组件】命令,加载垫板文件;在使用装配约束命令,约束垫板与立板接触,并约束的垫板与底板侧面距离,完成垫板的装配。

单击【菜单】—【装配】—【组件位置】—【装配约束】按钮,弹出【装配约束】对话框,【约束类型】选择【接触对齐】,【方位】选择【接触】,选择立板侧面和垫板下表面。【约束类型】选择【距离】,选择立板侧面和垫板侧面,距离输入197,单击【确定】按钮,如表2-3-8所示完成垫板的装配。

表 2-3-8　垫板的装配约束

接触对齐	距离	装配结果
需要接触的两个面	需要选择的两个面	

7. 保存装配文件

保存当前装配文件的操作方法是单击【文件】—【保存】—【全部保存】。

【榜样力量】

查一查：哈电集团焊接榜样的先进事迹有哪些？

如何扎根第一线，掌握十多种焊接方法？如何攻克难关、勇于创新？

【支座的装配设计工作单】

计划单

学习情境2	座架类焊接结构件设计		任务3	支座的装配设计	
工作方式	组内讨论、团结协作共同制定计划，小组成员进行工作讨论，确定工作步骤			计划学时	0.5 学时
完成人	1.　　2.　　3.　　4.　　5.　　6.				

计划依据：1.支座焊接装配图；2.支座装配设计方案

序号	计划步骤	具体工作内容描述
1	准备工作(准备软件、图纸、工具、量具，谁去做?)	
2	组织分工(成立组织，人员具体都完成什么?)	
3	制定焊接装配图识读方案(先识读什么? 再分析什么? 最后分析什么?)	
4	记录识读与分析结果(横梁的结构组成是什么? 每个零件的数量和材料是什么? 如何分析横梁整体结构? 如何分析零件结构? 最后分析横梁的焊接信息。)	
5	整理资料(谁负责? 整理什么?)	
制定计划说明	(写出制定计划中人员为完成任务的主要建议或可以借鉴的建议、需要解释的某一方面)	

决策单

学习情境 2	座架类焊接结构件设计	任务 3	支座的装配设计
决策学时			0.5 学时

决策目的:支座装配设计方案对比分析,比较装配质量、装配时间等

	组号 成员	结构完整性 (整体结构)	结构准确性 (零件结构)	焊接工艺性 (焊接信息)	综合评价
工艺方案 对比	1				
	2				
	3				
	4				
	5				
	6				

决策评价	结果:(根据组内成员工艺方案对比分析,对自己的工艺方案进行修改并说明修改原因,最后确定一个最佳方案)

检查单

学习情境2	座架类焊接结构件设计	任务3	支座的装配设计
评价学时		课内 0.5 学时	第　组

检查目的及方式	教师全过程监控小组的工作情况,如检查等级为不合格小组需要整改,并拿出整改说明

序号	检查项目	检查标准	检查结果分级 (在检查相应的分级框内画"√")				
			优秀	良好	中等	合格	不合格
1	准备工作	资源是否已查到、材料是否准备完整					
2	分工情况	安排是否合理、全面,分工是否明确					
3	工作态度	小组工作是否积极主动、全员参与					
4	纪律出勤	是否按时完成负责的工作内容、遵守工作纪律					
5	团队合作	是否相互协作、互相帮助、成员是否听从指挥					
6	创新意识	任务完成是否不照搬、照抄,看问题是否具有独到见解和创新思维					
7	完成效率	工作单是否记录完整,是否按照计划完成任务					
8	完成质量	工作单填写是否准确,工艺表、程序、仿真结果是否达标					

检查评语		教师签字:

任务评价

小组工作评价单

学习情境 2	座架类焊接结构件设计		任务 3		支座的装配设计	
评价学时			课内 0.5 学时			
班级			第 组			
考核情境	考核内容及要求	分值（100）	小组自评（10%）	小组互评（20%）	教师评价（70%）	实得分（$\sum$）
汇报展示（20分）	演讲资源利用	5				
	演讲表达和非语言技巧应用	5				
	团队成员补充配合程度	5				
	时间与完整性	5				
质量评价（40分）	工作完整性	10				
	工作质量	5				
	报告完整性	25				
团队情感（25分）	核心价值观	5				
	创新性	5				
	参与率	5				
	合作性	5				
	劳动态度	5				
安全文明（10分）	工作过程中的安全保障情况	5				
	工具正确使用和保养、放置规范	5				
工作效率（5分）	能够在要求的时间内完成，每超时 5 分钟扣 1 分	5				

小组成员素质评价单

学习情境 2	座架类焊接结构件设计	任务 3	支座的装配设计			
班级		第　　组	成员姓名			
评分说明	每个小组成员评价分为自评和小组其他成员评价 2 部分,取平均值计算,作为该小组成员的任务评价个人分数。评价项目共设计 5 个,依据评分标准给予合理量化打分。小组成员自评分后,要找小组其他成员不记名方式打分					
评分项目	评分标准	自评分	成员 1 评分	成员 2 评分	成员 3 评分	成员 4 评分	成员 5 评分
核心价值观 (20分)	是否有违背社会主义核心价值观的思想及行动						
工作态度 (20分)	是否按时完成负责的工作内容、遵守纪律,是否积极主动参与小组工作,是否全过程参与,是否吃苦耐劳,是否具有工匠精神						
交流沟通 (20分)	是否能良好地表达自己的观点,是否能倾听他人的观点						
团队合作 (20分)	是否与小组成员合作完成任务,做到相互协作、互相帮助、听从指挥						
创新意识 (20分)	看问题是否能独立思考,提出独到见解,是否能够以创新思维解决遇到的问题						
最终小组成员得分							

课后反思

学习情境2	座架类焊接结构件设计	任务3	支座的装配设计
班级	第　组	成员姓名	

情感反思	通过对本任务的学习和实训,你认为自己在社会主义核心价值观、职业素养、学习和工作态度等方面有哪些需要提高的部分?
知识反思	通过对本任务的学习,你掌握了哪些知识点? 请画出思维导图。
技能反思	在完成本任务的学习和实训过程中,你主要掌握了哪些技能?
方法反思	在完成本任务的学习和实训过程中,你主要掌握了哪些分析和解决问题的方法?

【课后作业】

设计题

　　如图 2-3-8 所示为轴承托架的焊接装配图,分析轴承托架的零部件之间的位置关系;使用 UG NX 软件完成轴承托架的装配设计,注意装配位置正确,尺寸准确,装配步骤合理。

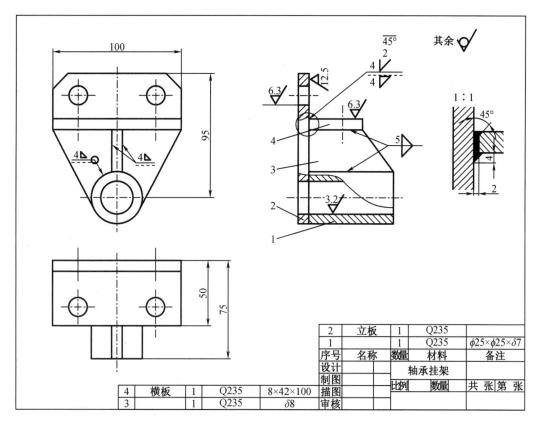

2	立板	1	Q235	
1		1	Q235	$\phi25\times\phi25\times\delta7$
序号	名称	数量	材料	备注
设计			轴承挂架	
制图				
描图		比例	数量	共　张　第　张
审核				

| 4 | 横板 | 1 | Q235 | 8×42×100 |
| 3 | | 1 | Q235 | $\delta8$ |

图 2-3-8　轴承托架的焊接装配图

学习情境 3　容器类焊接结构件设计

【学习指南】

【情境导入】

　　某发电设备制造公司的焊接工艺部接到一项大型压力容器的焊接生产任务。焊接工艺员需要根据压力容器的零件图绘制,研讨并制定焊接工艺流程和工艺文件,选用数字化设计软件设计压力容器的三维结构,达到焊接装配图纸要求。

【学习目标】

知识目标:

1. 能够准确描述容器类焊接结构件结构特点、分类和应用场景;
2. 能够阐述容器类焊接结构件复杂零件工程图绘制方法;
3. 能够阐述容器类焊接结构件复杂结构三维造型设计方法;
4. 能够阐述容器类焊接结构件焊缝设计方法。

能力目标:

1. 根据压力容器焊接装配图纸,分析容器类焊接结构件的结构和焊接符号含义;
2. 使用 UG NX 软件进行容器类焊接结构件三维造型设计;
3. 使用 UG NX 软件进行容器类焊接结构件装配设计。

素质目标:

1. 树立成本意识、质量意识、创新意识,养成勇于担当、团队合作的职业素养;
2. 养成工匠精神、劳动精神、劳模精神,以劳树德,以劳增智,以劳创新。

【工作任务】

　　任务 1　压力容器的零件图绘制　　　　参考学时:课内 4 学时(课外 4 学时)
　　任务 2　压力容器的零件模型设计　　　参考学时:课内 4 学时(课外 4 学时)
　　任务 3　压力容器的装配设计　　　　　参考学时:课内 2 学时(课外 4 学时)

【特殊焊接技术职业技能等级标准】

特殊焊接技术职业技能等级标准

任务1　压力容器的零件图绘制

【任务工单】

学习情境3	容器类焊接结构件设计	任务1	压力容器的零件图绘制
任务学时		4学时(课外2学时)	
布置任务			
任务目标	1.根据压力容器的焊接装配图标题栏和明细表,识读压力容器的结构组成; 2.根据压力容器的焊接装配图的视图和尺寸信息,分析压力容器的整体结构; 3.根据压力容器的焊接装配图的视图和尺寸信息,分析压力容器零件的结构; 4.根据压力容器的焊接装配图的焊接符号和技术要求,识读压力容器的焊接信息		
任务描述	压力容器是容器类焊接结构件,某发电设备制造公司的焊接工艺部接到一项压力容器焊接生产任务。焊接工艺员需要根据压力容器的焊接装配图,识读压力容器的整体结构图和部件图,识读各部件所用金属材料、尺寸和规格,分析各部件的焊接接头形式等焊接信息,形成焊接装配图分析报告		

学时安排	资讯 0.2学时	计划 0.2学时	决策 0.1学时	实施 1学时	检查 0.2学时	评价 0.3学时

提供资源	1.压力容器焊接装配图; 2.电子教案、课程标准、多媒体课件、教学演示视频及其他共享数字资源; 3.压力容器模型; 4.游标卡尺等工具和量具
对学生学习及成果的要求	1.具备焊接装配图的识读能力; 2.严格遵守实训基地各项管理规章制度; 3.对比焊接装配图与分析报告,分析结构是否正确,尺寸是否准确; 4.每名同学均能按照学习导图自主学习,并完成课前自学的问题训练和自学自测; 5.严格遵守课堂纪律,学习态度认真、端正,能够正确评价自己和同学在本任务中的素质表现; 6.每位同学必须积极参与小组工作,承担识读压力容器的结构组成、识读压力容器的焊接信息、分析压力容器的整体结构和部件结构等工作,做到积极主动不推诿,能够与小组成员合作完成工作任务; 7.每位同学均需独立或在小组同学的帮助下完成任务工作单、分析报告等,并提请检查、签认,对提出的建议或有错误之处务必及时修改; 8.每组必须完成任务工单,并提请教师进行小组评价,小组成员分享小组评价分数或等级; 9.每名同学均完成任务反思,以小组为单位提交

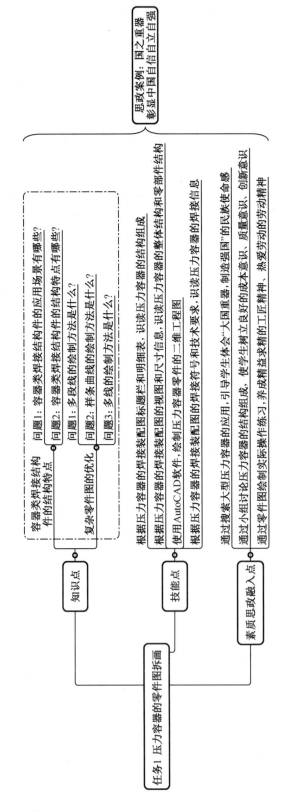

【学习导图】

任务1 压力容器的零件图拆画

知识点
- 容器类焊接结构件的结构特点
  - 问题1：容器类焊接结构件的应用场景有哪些？
  - 问题2：容器类焊接结构件的结构特点有哪些？
- 复杂零件图的优化
  - 问题1：多段线的绘制方法是什么？
  - 问题2：样条曲线的绘制方法是什么？
  - 问题3：多线的绘制方法是什么？

技能点
- 根据压力容器的焊接装配图标题栏和明细表，识读压力容器的结构组成
- 根据压力容器的焊接装配图的视图和尺寸信息，识读压力容器的整体结构和零部件结构
- 使用AutoCAD软件，绘制压力容器零件的二维工程图
- 根据压力容器的焊接装配图的焊接符号和技术要求，识读压力容器的焊接信息

素质思政融入点
- 通过搜集大型压力容器的应用，引导学生体会"大国重器，制造强国"的民族使命感
- 通过小组讨论压力容器的结构组成，使学生树立良好的成本意识、质量意识、创新意识
- 通过零件图绘制实际操作练习，养成精益求精的工匠精神、热爱劳动的劳动精神

思政案例：国之重器
彰显中国自信自立自强

容器类焊接结构件
的结构特点

【课前自学】

知识点1　容器类焊接结构件的结构特点

一、容器类焊接结构件的应用场景

容器类焊接结构件多数是压力容器,压力容器广泛应用于各个领域,例如石油化工、制药、食品加工、气体储运等。具体应用场景如下:

1.石油化工:炼油、化工生产过程中需要使用压力容器来储存并输送原料和产品。

2.制药和食品加工:压力容器可以在生产过程中帮助储存和输送制药和食品加工原料。

3.气体储运:压力容器可以用于储存和输送各种气体,例如液化气、天然气和氦气等。

二、容器类焊接结构件的功能

压力容器是一种能够承受高压的容器,它主要具有以下几个基本功能:

1.存储物质:压力容器能够储存一定量的高压气体、液体和气-液混合物等物质。这些物质通常因为需要在高压条件下运作或是存储,因此需要特殊的储存和运输设备。

2.输送物质:除了储存物质,压力容器还能够输送高压气体、液体和气-液混合物等物质。常见的例子包括输送天然气、液化气、石油、化工原料和危险化学品等。

3.稳定压力:压力容器还会具备稳定压力的功能,通过装置有能够自动调节压力的装置,使储存和输送物质的压力保持在设定范围内,提高工作效率和安全性。

三、压力容器的结构特点

在工业生产中,压力容器是承受高压力或低压多相介质的重要设备之一。它的形状和尺寸在很大程度上取决于所承受的压力和介质特性。压力容器有多种结构形式,最常见的结构为圆柱形、球形和锥形三种,本书将重点介绍常用的球罐、圆柱罐和球罐加圆柱罐组合三种典型的压力容器。

1.球罐结构

球罐是一种以球型构造的压力容器,它可以承受高压和高温的介质。球罐的结构特点是它能够均匀地承受来自任何一个方向的压力,所以它在承受极高压力或承受冲击荷载时,具有优越的抗压性能。球罐还具有装卸方便、基础面积小、质量小的特点,因此被广泛应用于石油化工、液化气体、贮氢等领域。

2.圆柱罐结构

圆柱罐是一种以圆筒形构造的压力容器,可承受较高压力和中等温度的介质。它通常由两个端头和一个圆柱体组成,端头通常是平面或球形。圆柱罐的结构特点是具有较高的强度、稳定性和耐压能力,在一定程度上可以抵抗外部载荷的影响。它被广泛应用于石化、制药、粮食加工等行业。

3.球罐加圆柱罐组合结构

球罐加圆柱罐组合结构是一种结构新颖的压力容器,它由一个球罐和一个地下圆柱体罐组合而成。此种结构因其良好的耐压性能和装卸方便受到广泛应用,特别是在城市居民区下暗埋供热、供水、蓄能等领域。

知识点 2　复杂零件图的优化

复杂零件图的优化

一、图形显示控制

1. 正交功能

利用正交功能可以方便地绘制与当前坐标系统的 X 轴或 Y 轴平行的线段,比如水平线或垂直线。单击状态栏上的【正交】按钮可快速实现正交功能启用与否的切换。

2. 对象捕捉

利用对象捕捉功能,在绘图过程中可以快速、准确地确定一些特殊点,如圆心、端点、中点、切点、交点、垂足等。

选择【工具】—【草图设置】命令,从弹出的【草图设置】对话框中选择【对象捕捉】选项卡,如图 3-1-1 所示,启动对象捕捉功能。

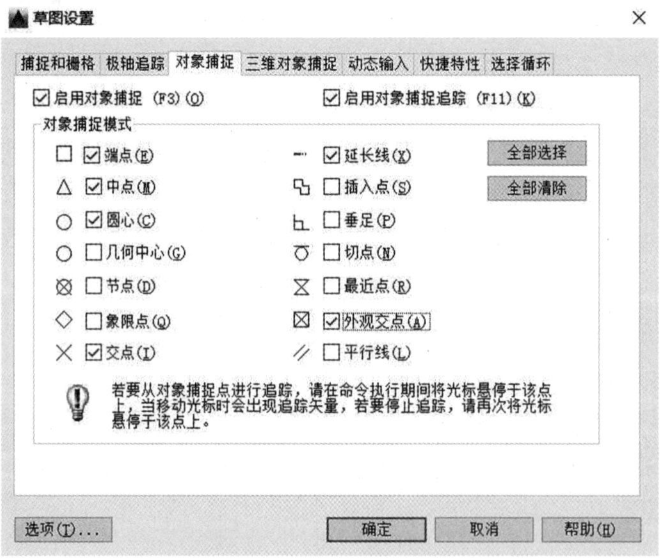

图 3-1-1　对象捕捉选项卡

在【对象捕捉】选项卡中,可以通过【对象捕捉模式】选项组中的各复选框确定自动捕捉模式,即确定使 AutoCAD 将自动捕捉到哪些点;【启用对象捕捉】复选框用于确定是否启用自动捕捉功能;【启用对象捕捉追踪】复选框则用于确定是否启用对象捕捉追踪功能。

利用【对象捕捉】选项卡设置默认捕捉模式并启用对象自动捕捉功能后,在绘图过程中,每当 AutoCAD 提示用户确定点时,如果使光标位于对象上在自动捕捉模式中设置的对应点的附近,AutoCAD 会自动捕捉到这些点,并显示出捕捉到相应点的小标签,此时单击拾取键,AutoCAD 就会以该捕捉点为相应点。

二、绘制复杂曲线

1. 多段线的绘制方法

多段线命令是 PLINE,由直线段、圆弧段构成,且可以有宽度的图形对象。

单击【绘图】面板—【多段线】按钮,即执行 PLINE 命令,命令提示行提示:

◆指定起点:(确定多段线的起始点)。

◆当前线宽为 0.0000(说明当前的绘图线宽)。

◆指定下一个点或［圆弧(A)/半宽(H)/长度(L)/放弃(U)/宽度(W)］。

其中,【圆弧】选项用于绘制圆弧。【半宽】选项用于多段线的半宽。【长度】选项用于指定所绘多段线的长度。【宽度】选项用于确定多段线的宽度。

编辑多段线命令是 PEDIT,单击【修改 II】面板—【编辑多段线】按钮,即执行 PEDIT 命令,命令提示行提示:

◆选择多段线或【多条(M)】:

在此提示下选择要编辑的多段线,即执行【选择多段线】默认项,命令提示行提示:

◆输入选项［闭合(C)/合并(J)/宽度(W)/编辑顶点(E)/拟合(F)/样条曲线(S)/非曲线化(D)/线型生成(L)/反转(R)/放弃(U)］:

其中,【闭合】选项用于将多段线封闭。【合并】选项用于将多条多段线(及直线、圆弧)。【宽度】选项用于更改多段先的宽度。【编辑顶点】选项用于编辑多段线的顶点。【拟合】选项用于创建圆弧拟合多段线。【样条曲线】选项用于创建样条曲线拟合多段线。【非曲线化】选项用于反拟合。【线型生成】选项用来规定非连续型多段线在各顶点处的绘线方式。【反转】选项用于改变多段线上的顶点顺序。

2.样条曲线的绘制方法

样条曲线命令是 SPLINE,绘制非一致有理样条曲线。

单击【绘图】面板—【样条曲线】按钮,即执行 SPLINE 命令,命令提示行提示:

◆指定第一个点或［对象(O)］。

(1)指定第一个点

确定样条曲线上的第一点(即第一拟合点),为默认项。执行此选项,即确定一点,命令提示行提示:

◆指定下一点。

在此提示下确定样条曲线上的第二拟合点后,命令提示行提示:

◆指定下一点或［闭合(C)/拟合公差(F)］<起点切向>。

其中,【指定下一点】选项用于指定样条曲线上的下一点。【闭合】选项用于封闭多段线。【拟合公差】选项用于根据给定的拟合公差绘样条曲线。

(2)对象(O)

将样条拟合多段线(由 PEDIT 命令的【样条曲线(S)】选项实现)转换成等价的样条曲线并删除多段线。执行此选项,命令提示行提示:

◆选择要转换为样条曲线的对象。

编辑样条曲线命令是 SPLINEDIT,单击【修改 II】面板-【编辑样条曲线】按钮,即执行 SPLINEDIT 命令,命令提示行提示:

◆选择样条曲线。

在该提示下选择样条曲线,AutoCAD 会在样条曲线的各控制点处显示出夹点,并提示:

◆输入选项［拟合数据(F)/闭合(C)/移动顶点(M)/精度(R)/反转(E)/转换为多段线(P)/放弃(U)］。

其中,【拟合数据】选项用于修改样条曲线的拟合点。【闭合】选项用于封闭样条曲线。【移动顶点】选项用于样条曲线上的当前点。【精度】选项用于对样条曲线的控制点进行细化操作。【反转】选项用于反转样条曲线的方向。【转换为多段线】选项用于将样条曲线转化为多段线。

3. 多线的绘制方法

多线命令是 MLINE,绘制多条平行线,由两条或两条以上直线构成的相互平行的直线,且这些直线可以分别具有不同的线型和颜色。选择【绘图】面板—【多线】命令,即执行 MLINE 命令,命令提示行提示:

◆ 当前设置:对正=上,比例=20.00,样式=STANDARD。

◆ 指定起点或 [对正(J)/比例(S)/样式(ST)]。

提示中的第一行说明当前的绘图模式。本提示示例说明当前的对正方式为【上】方式,比例为 20.00,多线样式为 STANDARD;第二行为绘多线时的选择项。其中,【指定起点】选项用于确定多线的起始点。【对正】选项用于控制如何在指定的点之间绘制多线,即控制多线上的哪条线要随光标移动。【比例】选项用于确定所绘多线的宽度相对于多线定义宽度的比例。【样式】选项用于确定绘多线时采用的多线样式。

定义多线样式命令是 MLSTYLE,绘多条平行线,即由两条或两条以上直线构成的相互平行的直线,且这些直线可以分别具有不同的线型和颜色。选择【格式】—【多线样式】命令,即执行 MLSTYLE 命令,AutoCAD 弹出如图 3-1-2 所示的【多线样式】对话框,利用其设置即可。

图 3-1-2 【多线样式】对话框

编辑多线命令是 MLEDIT,选择【修改】—【对象】—【多线】命令,即执行 MLEDIT 命令,AutoCAD 弹出如图 3-1-3 所示的【多线编辑工具】对话框。对话框中的各个图像按钮形象地说明各编辑功能,根据需要选择按钮,然后根据提示操作即可。

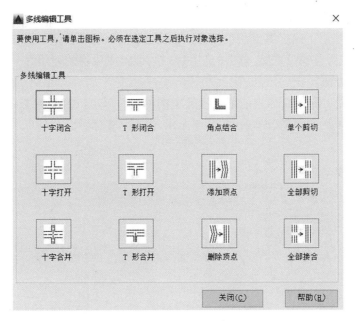

图 3-1-3　【多线编辑工具】对话框

三、块的使用方法

块是图形对象的集合,通常用于绘制复杂、重复的图形。一旦将一组对象组合成块,就可以根据绘图需要将其插入到图中的任意指定位置,而且还可以按不同的比例和旋转角度插入。

块的使用能提高绘图速度,节省存储空间,便于修改图形,加入属性。

1. 块的创建方法

定义块命令是 BLOCK,将选定的对象定义成块。单击【绘图】面板—【创建块】按钮,即执行 BLOCK 命令,软件弹出如图 3-1-4 所示的【块定义】对话框。

图 3-1-4　【块定义】对话框

对话框中,【名称】文本框用于确定块的名称。【基点】选项组用于确定块的插入基点位置。【对象】选项组用于确定组成块的对象。【设置】选项组用于进行相应设置。通过【块定义】对话框完成对应的设置后,单击【确定】按钮,即可完成块的创建。

2. 块的插入方法

插入块命令是 INSERT,为当前图形插入块或图形。单击【绘图】面板—【插入块】按钮,即执行 INSERT 命令,软件弹出如图 3-1-5 所示的【插入】对话框。

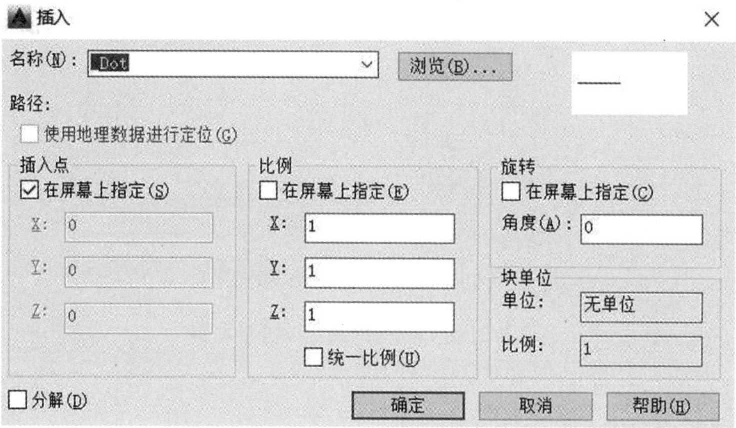

图 3-1-5 【插入】对话框

对话框中,【名称】下拉列表框确定要插入块或图形的名称。【插入点】选项组确定块在图形中的插入位置。【比例】选项组确定块的插入比例。【旋转】选项组确定块插入时的旋转角度。【块单位】文本框显示有关块单位的信息。

通过【插入】对话框设置了要插入的块以及插入参数后,单击【确定】按钮,即可将块插入到当前图形(如果选择了在屏幕上指定插入点、插入比例或旋转角度,插入块时还应根据提示指定插入点、插入比例等)。

4. 设置插入基点

用 WBLOCK 命令创建的外部块以软件图形文件格式(即. DWG 格式)保存。实际上,用户可以用 INSERT 命令将任一软件图形文件插入到当前图形。但是,当将某一图形文件以块的形式插入时,软件默认将图形的坐标原点作为块上的插入基点,这样往往会给绘图带来不便。为此,软件允许用户为图形重新指定插入基点。用于设置图形插入基点的命令是 BASE,利用【绘图】—【块】—【基点】命令可启动该命令。执行 BASE 命令,命令提示行提示:

◆输入基点:

在此提示下指定一点,即可为图形指定新基点。

5. 块的修改方法

块修改命令是 BEDIT,在块编辑器中打开块定义,以对其进行修改。单击【标准】面板—【块编辑器】按钮,即执行 BEDIT 命令,软件弹出如图 3-1-6 所示的【编辑块定义】对话框。

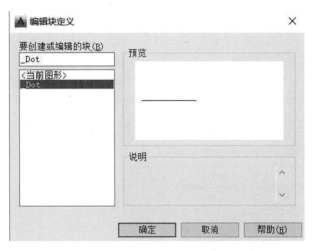

图 3-1-6　【编辑块定义】对话框

　　从对话框左侧的列表中选择要编辑的块,然后单击【确定】按钮,AutoCAD 进入块编辑模式,此时的绘图背景为黄颜色。此时显示出要编辑的块,用户可直接对其进行编辑。编辑块后,单击对应工具栏上的【关闭块编辑器】按钮,AutoCAD 显示下图所示的提示窗口,如果用【是】响应,则会关闭块编辑器,并确认对块定义的修改。一旦利用块编辑器修改了块,当前图形中插入的对应块均自动进行对应的修改。

【自学自测】

一、单选题(只有一个正确答案,每题 10 分)

1._____命令是在块编辑器中打开块定义,以对其进行修改。　　　　　　　(　　)

A. BLOCK　　　　　　B. INSERT　　　　　　C. BEDIT　　　　　　D. MIRROR

2._____命令是将选定的对象定义成块。　　　　　　　　　　　　　　(　　)

A. BLOCK　　　　　　B. INSERT　　　　　　C. BEDIT　　　　　　D. MIRROR

3._____命令是为当前图形插入块或图形。　　　　　　　　　　　　　(　　)

A. BLOCK　　　　　　B. INSERT　　　　　　C. BEDIT　　　　　　D. MIRROR

4._____命令是将选定的对象镜像。　　　　　　　　　　　　　　　　(　　)

A. BLOCK　　　　　　B. INSERT　　　　　　C. BEDIT　　　　　　D. MIRROR

二、多选题(有至少 2 个正确答案,每题 20 分)

1.压力容器广泛应用于各个领域,例如_____。　　　　　　　　　　　(　　)

A. 石油化工　　　　　B. 气体储运　　　　　C. 制药　　　　　　D. 食品加工

2.压力容器是一种能够承受高压的容器,它的基本功能有_____等。　　　(　　)

A. 存储物质　　　　　B. 输送物质　　　　　C. 稳定压力　　　　D. 传递能量

3.压力容器有多种结构形式,最常见的结构有_____。　　　　　　　　(　　)

A. 球罐结构　　　　　　　　　　　　　　B. 圆柱罐结构

C. 锥形结构　　　　　　　　　　　　　　D. 球罐加圆柱罐组合结构

【任务实施】

压力容器的焊接装配图如图 3-1-7 所示,识读压力容器的结构组成、整体结构图和零部件图;分析压力容器的零部件之间的位置关系;分析零部件焊接的接头形式、坡口、焊接位置等焊接信息,完成装配图分析报告,注意分析报告的焊接专业术语和符号符合相关国家标准。

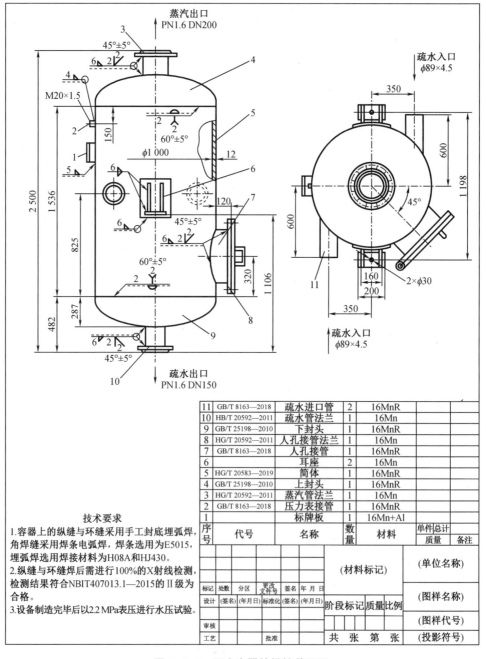

11	GB/T 8163—2018	疏水进口管	2	16MnR		
10	HB/T 20592—2011	疏水管法兰	1	16Mn		
9	GB/T 25198—2010	下封头	1	16MnR		
8	HG/T 20592—2011	人孔接管法兰	1	16Mn		
7	GB/T 8163—2018	人孔接管	1	16MnR		
6		耳座	2	16Mn		
5	HG/T 20583—2019	筒体	1	16MnR		
4	GB/T 25198—2010	上封头	1	16MnR		
3	HG/T 20592—2011	蒸汽管法兰	1	16Mn		
2	GB/T 8163—2018	压力表接管	1	16MnR		
1		标牌板		16Mn+Al		
序号	代 号	名 称	数量	材 料	单件总计 质量	备注

技术要求
1.容器上的纵缝与环缝采用手工封底埋弧焊,角焊缝采用焊条电弧焊,焊条选用为E5015,埋弧焊选用焊接材料为H08A和HJ430。
2.纵缝与环缝焊后需进行100%的X射线检测,检测结果符合NBIT407013.1—2015的Ⅱ级为合格。
3.设备制造完毕后以2.2MPa表压进行水压试验。

(材料标记)		(单位名称)
标记 处数 分区 更改文件号 签名 年月日		(图样名称)
设计 (签名) (年月日) 标准化 (签名) (年月日)	阶段标记质量比例	(图样代号)
审核		
工艺 批准	共 张 第 张	(投影符号)

图 3-1-7　压力容器的焊接装配图

一、识读压力容器的结构组成

从压力容器的焊接装配图的明细表分析压力容器是由标牌板、压力表接管、蒸汽管法兰、上封头、筒体、耳座、入孔接管、入孔接管法兰、下封头、法兰和进口管等零件组成。

二、分析压力容器的整体结构

运用形体分析法分析压力容器的整体结构,按下面几个步骤进行:

(1)按照投影对应关系将视图中的线框分解为几个部分。

(2)抓住每部分的特征视图,按投影对应关系想象出每个组成部分的形状。

(3)分析确定各组成部分的相对位置关系、组合形式以及表面的连接方式。

(4)最后综合起来想象整体形状。

经过以上四步,压力容器的整体结构如图3-1-8所示。

图3-1-8　压力容器的整体结构

三、分析压力容器零件的结构

1. 法兰零件图绘制

法兰的结构简单,根据压力容器焊接装配图的信息PN1.6 DN200,查询国家标准,见表3-1-1,分析法兰的三维模型结构如图3-1-9所示。

表3-1-1　标准法兰尺寸表

PN1.6 MPa 的尺寸

口径 DN	A	B	C	E	H	D	螺栓
50	160	125	100	3	16	18	4-M16
65	180	145	120	3	18	18	4-M16
80	195	160	135	3	20	18	8-M16
100	215	180	155	3	20	18	8-M16
125	245	210	185	3	22	18	8-M16
150	280	240	210	3	24	23	8-M20
200	335	295	265	3	26	23	12-M20
250	405	355	320	3	30	25	12-M22

图 3-1-9　法兰的三维模型结构

（1）新建文件

单击【文件】—【新建】或者按快捷键【Ctrl+N】，打开【选择样板】对话框，文件类型选择【图形（＊.dwg）】，名称输入"法兰"，文件夹选择压力容器文件夹，单击【确定】，完成法兰文件的新建。

（2）绘制视图

法兰零件图的视图包括主视图和俯视图如图 3-1-10 所示。

第 1 步：打开正交模式，当前图层选择中心线层，单击【绘图】面板—【直线】按钮，绘制两条相交直线作为中心线。单击【绘图】面板—【圆】按钮，选择相交直线的交点为圆心，输入 D 回车，输入直径 295 回车，完成圆的中心线。

第 2 步：当前图层选择轮廓线层，单击【绘图】面板—【圆】按钮，选择相交直线的交点为圆心，输入 D 回车，输入直径 335 回车，完成第 1 个圆。同样的圆心，输入 D 回车，输入直径 265 回车，完成第 2 个圆。输入 D 回车，输入直径 204 回车，完成第 3 个圆。

第 3 步：单击【绘图】面板—【圆】按钮，选择直线与圆中心线的交点为圆心，输入 D 回车，输入直径 20 回车，完成第 4 个圆。单击【修改】面板—【阵列】按钮，弹出【阵列】对话框，点选【环形阵列】，选择第 4 个圆作为阵列对象回车，【中心点】选择第 1 个圆圆心，【方法】选择项目总数和填充角度，【项目总数】输入 4，【填充角度】输入 360，单击【确定】，完成圆的阵列。

第 4 步：单击【绘图】面板—【直线】按钮，在俯视图位置，绘制第 1 条水平直线。单击【修改】面板—【偏移】按钮，偏移距离输入 3 回车，偏移对象选择第 1 条水平直线回车，指定要偏移的那一侧上的点选择下方，完成第 2 条水平直线。同理，偏移距离输入 26 回车，偏移对象选择第 2 条水平直线回车，指定要偏移的那一侧上的点选择下方，完成第 3 条水平直线。偏移距离输入 166 回车，偏移对象选择第 3 条水平直线回车，指定要偏移的那一侧上的点选择下方，完成第 4 条水平直线。

第 5 步：单击【绘图】面板—【直线】按钮，投影主视图，绘制竖直直线。单击【修改】面板—【修剪】按钮，选择全部线条作为修剪对象回车，如图 3-1-10 所示，选择需要移除的线条。

第 6 步：单击【绘图】面板—【图案填充】按钮，选择剖面线的边界，完成剖面线填充。

（3）标注尺寸和技术要求

单击【注释】—【线性】，依次标注水平尺寸和竖直尺寸。单击【注释】—【直径】，标注圆的半径，如图 3-1-11 所示。

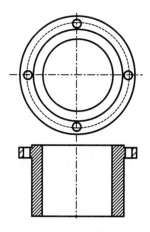

图 3-1-10 法兰的主视图和俯视图

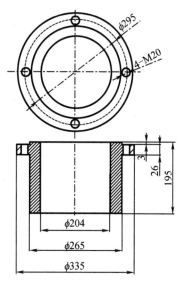

图 3-1-11 法兰的标注尺寸

（4）调用图框和标题栏

第 1 步：单击【插入】选项卡—【插入块】按钮，或者命令提示栏输入【INSERT】回车，弹出【插入】对话框，【名称】输入【标题栏】，在绘图区指定标题栏位置，即可完成调用标题栏。双击【零件名称】，修改为【法兰】，同理，更新标题栏信息。

第 2 步：单击【注释】面板—【多行文字】按钮，选择技术要求位置，编辑技术要求内容，单击【确定】完成技术要求标注。

（5）保存文件

保存当前文件的操作方法是单击【文件】—【保存】或者按快捷键【Ctrl+S】。

2. 封头零件图绘制

封头的结构简单，查询压力容器标准椭圆封头尺寸表，确定封头的尺寸。封头的三维模型结构如图 3-1-12 所示。

表 3-1-2 标准椭圆封头尺寸表

序号	公称直径 DN/mm	曲面高度 h_1/mm	直边高度 h_2/mm	内表面积 A/m²	容积 V/m³	钢板厚度 δ/mm
7	900	225	25	0.949	0.111	4
						5
						6
						8
			40	0.991	0.121	10
						12
						14

表 3-1-2(续)

序号	公称直径 DN/mm	曲面高度 h_1/mm	直边高度 h_2/mm	内表面积 A/m²	容积 V/m³	钢板厚度 δ/mm
8	1 000	250	25	1.163	0.151	4
						5
						6
						8
			40	1.21	0.162	10
						12
						14
						16
						18

图 3-1-12　封头的三维模型结构

（1）新建文件

单击【文件】—【新建】或者按快捷键【Ctrl+N】,打开【选择样板】对话框,文件类型选择【图形(＊.dwg)】,名称输入"封头",文件夹选择压力容器文件夹,单击【确定】,完成封头文件的新建。

（2）绘制视图

封头零件图的视图(包括主视图和俯视图)如图 3-1-13 所示。

第 1 步:打开正交模式,当前图层选择中心线层,单击【绘图】面板—【直线】按钮,绘制1 条竖直直线作为中心线。

第 2 步:当前图层选择轮廓线层,单击【绘图】面板—【直线】按钮,选择中心线上任意 1点,向右移动鼠标,输入 500 回车,完成第 1 条直线。向上移动鼠标,输入 40 回车,完成第 2条直线。

第 3 步:单击【修改】面板—【镜像】按钮,选择 2 条直线作为镜像对象回车,【镜像线的第一点】选择中心线起点,【镜像线的第二点选择】中心线终点,完成镜像图形。

第 4 步:单击【绘图】面板—【椭圆】按钮,【椭圆的中心点】选择第 1 条直线起点,【指定轴的端点】选择第 1 条直线终点,【指定另一条半轴长度】输入 275 回车,完成椭圆绘制。

第 5 步:单击【修改】面板—【修剪】按钮,选择全部线条作为修剪对象回车,如图 3-1-13 所示,选择需要移除的线条。

第 6 步:单击【修改】面板—【偏移】按钮,偏移距离输入 12 回车,偏移对象选择椭圆和第 2 条直线回车,指定要偏移的那一侧上的点选择外侧,完成曲线偏移。

第7步:单击【绘图】面板—【直线】按钮,起点选择第1条直线的起点,向右移动鼠标,输入327.5回车,向上移动鼠标,输入300回车。起点选择第1条直线的起点,向左移动鼠标,输入327.5回车,向上移动鼠标,输入300回车。单击【修改】面板—【修剪】按钮,选择全部线条作为修剪对象回车,如图3-1-13所示,选择需要移除的线条。

第8步:单击【绘图】面板—【图案填充】按钮,选择剖面线的边界,完成剖面线填充。

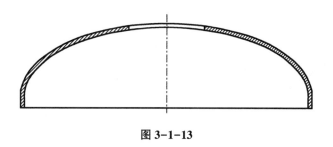

图3-1-13

(3)标注尺寸和技术要求

单击【注释】—【线性】,依次标注水平尺寸和竖直尺寸。单击【注释】—【直径】,标注圆的半径,如图3-1-14所示。

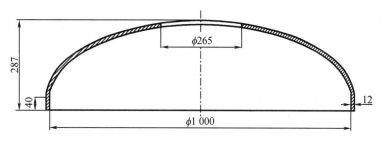

图3-1-14 封头的三维模型结构

(4)调用图框和标题栏

第1步:单击【插入】选项卡—【插入块】按钮,或者命令提示栏输入"INSERT"回车,弹出【插入】对话框,【名称】输入"标题栏",在绘图区指定标题栏位置,即可完成调用标题栏。双击【零件名称】,修改为"封头",同理,更新标题栏信息。

第2步:单击【注释】面板—【多行文字】按钮,选择技术要求位置,编辑技术要求内容,单击【确定】完成技术要求标注。

(5)保存文件

保存当前文件的操作方法是单击【文件】—【保存】或者按快捷键【Ctrl+S】。

3.接管零件图绘制

接管的结构简单,接管的三维模型结构如图3-1-15所示。

(1)新建文件

单击【文件】—【新建】或者按快捷键【Ctrl+N】,打开【选择样板】对话框,文件类型选择【图形(∗.dwg)】,名称输入"接管",文件夹选择压力容器文件夹,单击【确定】,完成接管文件的新建。

（2）绘制视图

接管零件图的主视图如图 3-1-16 所示。

图 3-1-15　接管的三维模型结构

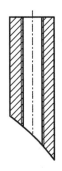

图 3-1-16　接管主视图

第 1 步：打开正交模式，当前图层选择中心线层，单击【绘图】面板—【直线】按钮，绘制第 1 条水平中心线，在绘制第 2 条竖直中心线，与之相交并垂直。单击【修改】面板—【偏移】按钮，偏移距离输入 350 回车，偏移对象选择第 2 条中心线，指定要偏移的那一侧上的点选择右侧，完成第 3 条竖直中心线。

第 2 步：当前图层选择轮廓线层，单击【绘图】面板—【圆】按钮，选择第 1、2 条中心线交点为圆心，输入半径 512 回车，完成圆的绘制。

第 3 步：单击【绘图】面板—【直线】按钮，选择第 2、3 条中心线交点为起点，向右移动鼠标，输入 44.5 回车，完成第 1 条直线。向上移动鼠标，输入 600 回车，完成第 2 条直线。向左移动鼠标，输入 44.5 回车，完成第 3 条直线。同理，绘制螺纹孔的粗实线和细实线。

第 4 步：单击【修改】面板—【镜像】按钮，选择第 2、3 条直线和螺纹孔线作为镜像对象回车，【镜像线的第一点】选择第 3 条中心线起点，【镜像线的第二点选择】中心线终点，完成镜像图形。

第 5 步：单击【修改】面板—【修剪】按钮，选择全部线条作为修剪对象回车，如图 3-1-16 所示，选择需要移除的线条。

第 6 步：单击【绘图】面板—【图案填充】按钮，选择剖面线的边界，完成剖面线填充。

（3）标注尺寸和技术要求

单击【注释】—【线性】，依次标注水平尺寸和竖直尺寸。单击【注释】-【半径】，标注圆的半径，单击【注释】—【直径】，标注圆的直径，如图 3-1-17 所示。

（4）调用图框和标题栏

第 1 步：单击【插入】选项卡—【插入块】按钮，或者命令提示栏输入"INSERT"回车，弹出【插入】对话框，【名称】输入"标题栏"，在绘图区指定标题栏位置，即可完成调用标题栏。双击【零件名称】，修改为"接管"，同理，更新标题栏信息。

第 2 步：单击【注释】面板—【多行文字】按钮，选择技术要求位置，编辑技术要求内容，单击【确定】完成技术要求标注。

（5）保存文件

保存当前文件的操作方法是单击【文件】—【保存】或者按快捷键【Ctrl+S】。

四、分析压力容器的焊接信息

根据压力容器的焊接装配图的焊接符号，可以分析出焊缝信息。

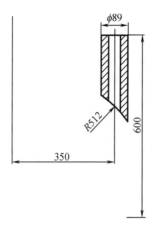

图 3-1-17　封头的尺寸标准

表 3-1-3　压力容器的焊缝信息

序号	焊缝位置	焊接符号	符号含义	焊缝信息
1	封头和筒体的焊缝	60°±5° 2 2	Y:带钝边 V 形焊缝;⌣:封底焊缝;2:钝边 2 mm;2:根部间隙 2 mm;60°±5°:是坡口角度。	焊接前需要坡口预处理,采用对接手工封底埋弧焊,埋弧焊选用焊接材料为 HO8A 和 HJ4302。
2	封头和法兰的焊缝	45°±5° 6 2 2	⊿:角焊缝;V:单边 V 形焊缝;○:周围焊缝;6:焊脚 6 mm;2:钝边 2 mm;2:根部间隙 2 mm;45°±5°:是坡口角度。	焊接前需要坡口预处理,沿着法兰边缘,采用搭接角焊缝,焊条电弧焊,焊条选用为 E5015。
3	筒体和标牌板的焊缝	1 5	⊿:角焊缝;5:焊脚 5 mm。	采用搭接角焊缝,焊条电弧焊,焊条选用为 E5015。
4	筒体和压力表接管的焊缝	4 M20×1.5 2	⊿:角焊缝;4:焊脚 4 mm;○:周围焊缝	采用搭接角焊缝,焊条电弧焊,焊条选用为 E5015。
5	筒体和耳座的焊缝	6 6	⊿:角焊缝;6:焊脚 6 mm;○:周围焊缝。	采用搭接角焊缝,焊条电弧焊,焊条选用为 E5015。

【国之重器】

查一查：国家的大型压力容器有哪些国之重器？

国之重器——加氢反应器具有哪些世界之最？使用哪些焊接技术？如何彰显中国自信自立自强？

【压力容器的零件图绘制工作单】

计划单

学习情境3	容器类焊接结构件设计		任务1	压力容器的零件图绘制
工作方式	组内讨论、团结协作共同制定计划，小组成员进行工作讨论，确定工作步骤		计划学时	0.5 学时
完成人	1. 2. 3. 4. 5. 6.			

计划依据：1.压力容器的焊接装配图；2.压力容器的零件图绘制报告

序号	计划步骤	具体工作内容描述
1	准备工作(准备软件、图纸、工具、量具，谁去做？)	
2	组织分工(成立组织，人员具体都完成什么？)	
3	制定焊接装配图识读方案(先识读什么？再分析什么？最后分析什么？)	
4	记录识读与分析结果(横梁的结构组成是什么？每个零件的数量和材料是什么？如何分析横梁整体结构？如何分析零件结构？最后分析横梁的焊接信息。)	
5	整理资料(谁负责？整理什么？)	
制定计划说明	(写出制定计划中人员为完成任务的主要建议或可以借鉴的建议、需要解释的某一方面)	

决策单

学习情境 3	容器类焊接结构件设计	任务 1	压力容器的零件图绘制
决策学时		0.5 学时	

决策目的:压力容器的零件图绘制报告对比,分析整体结构、零部件结构、焊接信息等

	组号 成员	结构完整性 (整体结构)	结构准确性 (零件结构)	焊接工艺性 (焊接信息)	综合评价
工艺方案 对比	1				
	2				
	3				
	4				
	5				
	6				
决策评价	结果:(根据组内成员工艺方案对比分析,对自己的工艺方案进行修改并说明修改原因,最后确定一个最佳方案)

检查单

学习情境 3	容器类焊接结构件设计	任务 1	压力容器的零件图绘制
评价学时		课内 0.5 学时	第　　组

检查目的及方式　教师全过程监控小组的工作情况,如检查等级为不合格小组需要整改,并拿出整改说明

序号	检查项目	检查标准	检查结果分级 (在检查相应的分级框内画"√")				
			优秀	良好	中等	合格	不合格
1	准备工作	资源是否已查到、材料是否准备完整					
2	分工情况	安排是否合理、全面,分工是否明确					
3	工作态度	小组工作是否积极主动、全员参与					
4	纪律出勤	是否按时完成负责的工作内容、遵守工作纪律					
5	团队合作	是否相互协作、互相帮助、成员是否听从指挥					
6	创新意识	任务完成是否不照搬照抄,看问题是否具有独到见解和创新思维					
7	完成效率	工作单是否记录完整,是否按照计划完成任务					
8	完成质量	工作单填写是否准确,工艺表、程序、仿真结果是否达标					

检查 评语		教师签字:

任务评价

小组工作评价单

学习情境 3	容器类焊接结构件设计		任务 1		压力容器的零件图绘制	
评价学时			课内 0.5 学时			
班级			第　　组			
考核情境	考核内容及要求	分值（100）	小组自评（10%）	小组互评（20%）	教师评价（70%）	实得分（$\sum$）
汇报展示（20分）	演讲资源利用	5				
	演讲表达和非语言技巧应用	5				
	团队成员补充配合程度	5				
	时间与完整性	5				
质量评价（40分）	工作完整性	10				
	工作质量	5				
	报告完整性	25				
团队情感（25分）	核心价值观	5				
	创新性	5				
	参与率	5				
	合作性	5				
	劳动态度	5				
安全文明（10分）	工作过程中的安全保障情况	5				
	工具正确使用和保养、放置规范	5				
工作效率（5分）	能够在要求的时间内完成，每超时 5 分钟扣 1 分	5				

小组成员素质评价单

学习情境 3	容器类焊接结构件设计		任务 1		压力容器的零件图绘制		
班级		第　组		成员姓名			
评分说明	每个小组成员评价分为自评和小组其他成员评价 2 部分,取平均值计算,作为该小组成员的任务评价个人分数。评价项目共设计 5 个,依据评分标准给予合理量化打分。小组成员自评分后,要找小组其他成员不记名方式打分						

评分项目	评分标准	自评分	成员 1 评分	成员 2 评分	成员 3 评分	成员 4 评分	成员 5 评分
核心价值观 (20 分)	是否有违背社会主义核心价值观的思想及行动						
工作态度 (20 分)	是否按时完成负责的工作内容、遵守纪律,是否积极主动参与小组工作,是否全过程参与,是否吃苦耐劳,是否具有工匠精神						
交流沟通 (20 分)	是否能良好地表达自己的观点,是否能倾听他人的观点						
团队合作 (20 分)	是否与小组成员合作完成任务,做到相互协作、互相帮助、听从指挥						
创新意识 (20 分)	看问题是否能独立思考,提出独到见解,是否能够以创新思维解决遇到的问题						
最终小组成员得分							

课后反思

学习情境 3	容器类焊接结构件设计	任务 1	压力容器的零件图绘制
班级		第　　组　　成员姓名	
情感反思	通过对本任务的学习和实训,你认为自己在社会主义核心价值观、职业素养、学习和工作态度等方面有哪些需要提高的部分?		
知识反思	通过对本任务的学习,你掌握了哪些知识点?请画出思维导图。		
技能反思	在完成本任务的学习和实训过程中,你主要掌握了哪些技能?		
方法反思	在完成本任务的学习和实训过程中,你主要掌握了哪些分析和解决问题的方法?		

【课后作业】

分析题

如图 3-1-18 所示为压力容器的焊接装配图,识读压力容器的结构组成、整体结构图和零部件图;分析压力容器的零部件之间的位置关系;分析零部件焊接的接头形式、坡口、焊接位置等焊接信息,完成装配图分析报告,注意分析报告的焊接专业术语和符号符合相关国家标准。

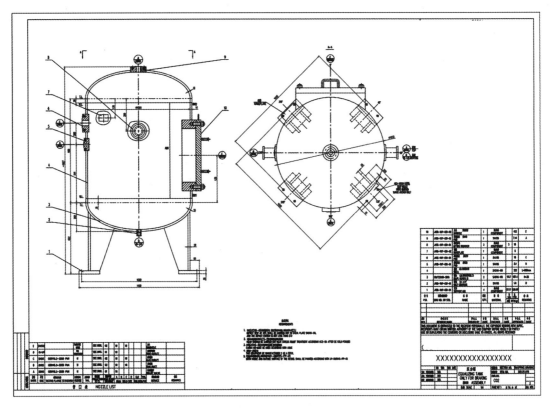

图 3-1-18　压力容器的焊接装配图

图 3-1-18 电子版

任务2　压力容器的零件模型设计

【任务工单】

学习情境3	容器类焊接结构件设计			任务2	压力容器的零件模型设计	
任务学时				8学时(课外2学时)		
布置任务						
任务目标	1.根据压力容器的零部件结构特点,合理制定设计方案; 2.使用UG NX软件,完成压力容器的零部件三维造型设计					
任务描述	压力容器是容器类焊接结构件,某发电设备制造公司的焊接工艺部接到一项压力容器焊接生产任务。焊接工艺员根据压力容器的零部件结构特点,编制每个零件的设计方案,并使用UG NX软件完成所有零部件的三维造型设计,保证零件的结构正确、尺寸准确					
学时安排	资讯 0.2学时	计划 0.2学时	决策 0.1学时	实施 1学时	检查 0.2学时	评价 0.3学时
提供资源	1.压力容器焊接装配图; 2.电子教案、课程标准、多媒体课件、教学演示视频及其他共享数字资源; 3.压力容器模型; 4.游标卡尺等工具和量具					
对学生学习及成果的要求	1.具备压力容器的焊接装配图的识读能力; 2.严格遵守实训基地各项管理规章制度; 3.对比压力容器的零部件三维模型与零件图,分析结构是否正确,尺寸是否准确; 4.每名同学均能按照学习导图自主学习,并完成课前自学的问题训练和自学自测; 5.严格遵守课堂纪律,学习态度认真、端正,能够正确评价自己和同学在本任务中的素质表现; 6.每位同学必须积极参与小组工作,承担编制设计方案、三维模型设计等工作,做到积极主动不推诿,能够与小组成员合作完成工作任务; 7.每位同学均需独立或在小组同学的帮助下完成任务工作单、加工工艺文件、数控编程文件、仿真加工视频等,并提请检查、签认,对提出的建议或有错误之处必及时修改; 8.每组必须完成任务工单,并提请教师进行小组评价,小组成员分享小组评价分数或等级; 9.每名同学均完成任务反思,以小组为单位提交					

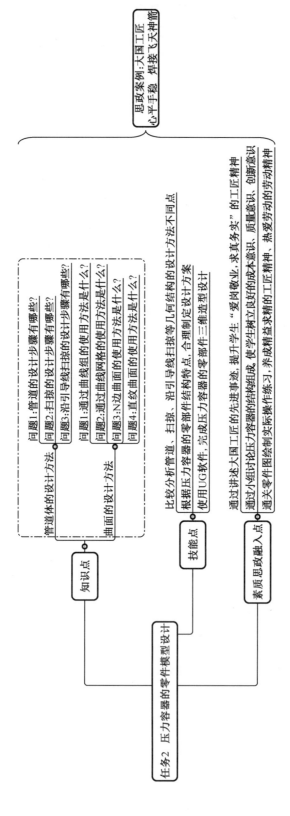

【学习导图】

【课前自学】

管道体的设计方法

知识点1　管道体的设计方法

一、管道的使用方法

通过沿一条或多条曲线构成的引导线串扫掠出简单的管道,引导线串要求相切连续。单击【菜单】—【插入】—【扫掠】—【管】,弹出【管】对话框,如表3-2-1所示。

管道的使用方法

表3-2-1　【管】对话框的参数含义

【管】对话框	参数说明
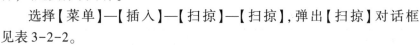	【路径】选项区域 选择曲线:指定管道的中心线路径。可以选择多条曲线或边。路径必须光顺并相切连续。
	【横截面】选项区域 外径:指定管道外径的值。 内径:指定管道内径的值。

二、扫掠的使用方法

扫掠指通过一个或多个截面线串沿着一条、两条或三条引导线延伸,创建实体或片体。

扫掠的使用方法

选择【菜单】—【插入】—【扫掠】—【扫掠】,弹出【扫掠】对话框见表3-2-2。

扫掠的设计步骤如下:

第1步:在【截面】的【选择曲线】激活状态下,选择截面线;单击【添加新集】按钮,选择新截面线。

第2步:在【引导线】的【选择曲线】激活状态下,选择引导线;单击【添加新集】按钮,选择新引导线。

第3步:脊线用于进一步控制截面线的掠方向。当脊线垂直于每条截面线时,效果最好。

第4步:在【截面选项】,仅有单个截面时有效。

第5步:【定向方法】,设置截面在引导线上的定位,只有使用一条引导线时才有此选项。

【方向】下拉列表中包括固定,面法向、矢量方向,另一条曲线,一个点、角度规律、强制方向。

第6步:【缩放方法】,选择不同的缩放方法来控制扫掠面面的生成。

【缩放】下拉列表中包括恒定、倒圆功能,另一条面线,一个点、面积规律、周长规律。

第7步:单击【确定】按钮。

表 3-2-2 【扫掠】对话框的参数含义

【扫掠】对话框	参数说明
	【截面】选项区域
	选择曲线:用于选择多达 150 条截面线串。
	【引导线】选项区域
	选择曲线:用于选择多达 3 条线串来引导扫掠操作。
	【脊线】选项区域
	选择曲线:用于选择脊线。使用脊线可以控制截面线串的方位,并避免在导线上不均匀分布参数导致的变形。当脊线串处于截面线串的法向时,该线串状态最佳。
	【截面选项】选项区域
	截面位置:选择单个截面时可用。
	【设置】选项区域
	体类型:【实体】是创建实体;【片体】创建片体。

三、沿引导线扫掠的使用方法

沿引导线扫掠的
使用方法

沿引导线扫掠是指截面线沿着引导线运动生成实体。选择【菜单】—【插入】—【扫掠】—【沿引导线扫掠】,弹出【沿引导线扫掠】对话框见表 3-2-3。

表 3-2-3 【沿引导线扫掠】对话框的参数含义

【沿引导线扫掠】对话框	参数说明
	【截面】选项区域
	选择曲线:用于选择曲线、边或曲线链,或是截面的边。
	【引导】选项区域
	选择曲线:用于选择曲线、边或曲线链,或是引导线的边。引导线串中的所有曲线都必须是连续的。
	【偏置】选项区域
	第一偏置:将【扫掠】特征偏置以增加厚度。
	第二偏置:使扫掠特征的基础偏离于截面线串。

知识点 2　曲面的设计方法

一、通过曲线组的使用方法

通过曲线组指通过一组截面线串来创建片体或实体。直纹只使用 2 条截面线串,而通过曲线组最多允许使用 150 条截面线串。通过曲线组创建曲面与创建直纹的方法相似。选择【菜单】—【插入】—【网格曲面】—【通过曲线组】,弹出【通过曲线组】对话框见表 3-2-4。

曲面的设计方法

通过曲线组的
使用方法

表 3-2-4　【通过曲线组】对话框的参数含义

【通过曲线组】对话框	参数说明
![通过曲线组对话框]	【截面】选项区域 选择曲线或点:用于选择截面线串。
	【连续性】选项区域 全部应用:将为一个截面选定的连续性约束施加于第一个和最后一个截面。 第一截面/最后截面:用于选择约束面并指定所选截面的连续性。 可以指定 G0(位置)、G1(相切)或 G2(曲率)连续性。
	【对齐】选项区域 保留形状:仅当对齐设置为参数或根据点时才可用。 通过定义沿截面隔开新曲面的等参数曲线的方式,可以控制特征的形状。
	【输出曲面选项】选项区域 补片类型:用于指定 V 向补片(垂直于截面的补片)是单个还是多个。

二、通过曲线网格的使用方法

通过曲线网格指通过一个方向的截面网格和另一个方向的引导线来创建片体或实体。选择【菜单】—【插入】—【网格曲面】—【通过曲线网格】,弹出对话框见表 3-2-5。

三、N 边曲面的使用方法

N 边曲面用于创建由一组端点相连曲线封闭的曲面。选择【菜单】—【插入】—【网格曲面】—【N 边曲面】,弹出【N 边曲面】对话框,见表 3-2-6。

通过曲线网格的
使用方法

N 边曲面的使用方法

表 3-2-5 【通过曲线网格】对话框的参数含义

【通过曲线网格】对话框	参数说明
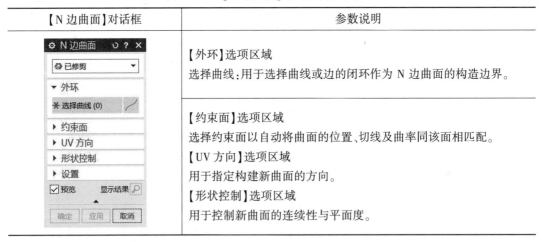	【主曲线】选项区域 选择曲线或点:用于选择包含曲线、边或点的主截面集,必须至少选择两个主集。
	【交叉曲线】选项区域 选择曲线:用于选择包含曲线或边的横截面集。

表 3-2-6 【N 边曲面】对话框的参数含义

【N 边曲面】对话框	参数说明
	【外环】选项区域 选择曲线:用于选择曲线或边的闭环作为 N 边曲面的构造边界。
	【约束面】选项区域 选择约束面以自动将曲面的位置、切线及曲率同该面相匹配。 【UV 方向】选项区域 用于指定构建新曲面的方向。 【形状控制】选项区域 用于控制新曲面的连续性与平面度。

四、直纹曲面的使用方法

直纹指通过两条截面曲线串来生成片体或实体。选择【菜单】—【插入】—【网格曲面】—【直纹】,弹出对话框见表 3-2-7。

直纹曲面的
使用方法

表 3-2-7　【直纹】对话框的参数含义

【直纹】对话框	参数说明
	【截面 1】选项区域 选择曲线或点:用于选择截面线串。
	【截面 2】选项区域 选择曲线:用于选择截面线串。
	【对齐】选项区域 【参数】:沿截面以相等的参数间隔来隔开等参数曲线连接点。使用每条曲线的全长。 【根据点】:对齐不同形状的截面之间的点。沿截面放置对齐点及其对齐线。

【大国工匠】

查一查:"心平手稳 焊接飞天神箭"的大国工匠是谁？这位大国工匠如何练习"心平手稳"的？

【自学自测】

一、单选题(只有一个正确答案,每题 15 分)

1. _____命令是通过沿一条或多条曲线构成的引导线串扫掠出简单的管道,引导线串要求相切连续。　　　　　　　　　　　　　　　　　　　　　　(　　)

A. 扫掠　　　　　　B. 管道　　　　　　C. 通过曲线组　　　D. 通过曲线网格

2. _____命令是通过一个或多个截面线串沿着一条、两条或三条引导线延伸,创建实体或片体。　　　　　　　　　　　　　　　　　　　　　　　　　(　　)

A. 扫掠　　　　　　B. 管道　　　　　　C. 通过曲线组　　　D. 通过曲线网格

3. _____命令是通过一个方向的截面网格和另一个方向的引导线来创建片体或实体。

(　　)

A. 扫掠　　　　　　B. 管道　　　　　　C. 通过曲线组　　　D. 通过曲线网格

4. _____命令是通过一组截面线串来创建片体或实体。　　　　(　　)

A. 扫掠　　　　　　B. 管道　　　　　　C. 通过曲线组　　　D. 通过曲线网格

5. 直纹指通过_____条截面曲线串来生成片体或实体。　　　　(　　)

A. 一　　　　　　　B. 二　　　　　　　C. 三　　　　　　　D. 四

6. 通过曲线组最多允许使用_____条截面线串。　　　　　　(　　)

A. 100　　　　　　 B. 150　　　　　　 C. 200　　　　　　 D. 250

二、多选题(有至少 2 个正确答案,每题 10 分)

1. 创建曲面的方法有_____。　　　　　　　　　　　　　　(　　)

A. 扫掠　　　　　　B. 管道　　　　　　C. 通过曲线组　　　D. 通过曲线网格

【任务实施】

一、法兰模型设计

1. 新建文件

单击【文件】—【新建】或者按快捷键【Ctrl+N】,打开【新建】对话,模板选择【模型】,名称输入"法兰",文件夹选择压力容器文件夹,单击【确定】,完成法兰文件的新建。

法兰模型设计课件

2. 草图的设计

单击【菜单】—【插入】—【草图】,弹出【创建草图】对话框。【类型】选择【基于平面】,选择平面 XC-ZC。单击【确定】,进入草图环境。

法兰模型设计视频

(1)绘制矩形

单击【矩形】按钮,弹出【矩形】对话框,矩形方法选择【按 2 点】,默认 XY 坐标模式,输入起点坐标 XC=0,YC=0,输入宽度 132.5,高度 166,完成第 1 个矩形绘制。单击第 1 个矩形左上端点,输入宽度 167.5,高度 26,完成第 2 个矩形绘制。单击第 2 个矩形左上端点,输入宽度 132.5,高度 3,完成第 3 个矩形绘制。

(2)修剪曲线

单击【快速修剪】按钮,弹出【快速修剪】对话框,选择多余的曲线,如图 3-2-1 所示完成草图绘制。单击【完成草图】按钮,完成草图的设计。

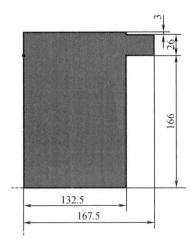

图 3-2-1 法兰的草图

3. 旋转法兰

单击【旋转】按钮,弹出【旋转】对话框,截面线选项法兰草图,【指定矢量】选择 ZC 轴。开始角度输入 0,结束角度输入 360,单击【确定】按钮,完成法兰的设计。

4. 中间孔设计

单击【菜单】—【插入】—【设计特征】—【孔】命令,弹出【孔】对话框,【类型】选择【简单孔】,【形状】选项区域【孔大小】选择【定制】,【孔径】输入 204,【位置】选项区域【指定点】选择上表面中心。【限制】选项区域【深度限制】选择【贯通体】。单击【确定】,完成中间孔的设计。

5. 螺钉孔设计

单击【菜单】—【插入】—【设计特征】—【孔】命令,弹出【孔】对话框,如图 3-2-2 所示,【类型】选择【有螺纹】。【形状】选项区域中【标准】选择【GB193】,【大小】选择【M20X2.0】,【径向进刀】默认【Custom】,【攻丝直径】输入 18,【螺纹深度类型】选择【全长】,点选【右旋】。【位置】选项区域中【指定点】选择绘制截面 ⟟,进入草图环境,绘制点(0,147.5,0),单击【完成草图】按钮返回【孔】对话框。【限制】选项区域中【深度限制】选择【贯通体】。单击【确定】,完成螺钉孔的设计。

单击【菜单】—【插入】—【关联复制】—【阵列特征】命令,弹出【阵列特征】对话框,如图 3-2-3 所示,【要形成阵列的特征】选项区域中【选择特征】选择螺钉孔,【阵列定义】选项区域中【布局】选择【圆形】,【旋转轴】选项区域中【指定矢量】选择 ZC 轴,【指定点】选择坐标原点,【斜角方向】选项区域中【间距】选择【数量和间隔】,【数量】输入 4,【间隔角】输入 90,单击【确定】,完成螺钉孔的阵列。

图 3-2-2　【孔】对话框

图 3-2-3　【阵列特征】对话框

6. 保存文件

保存当前文件的操作方法是单击【文件】—【保存】或者按快捷键【Ctrl+S】。

二、封头模型设计

1. 新建文件

单击【文件】—【新建】或者按快捷键【Ctrl+N】,打开【新建】对话框,模板选择【模型】,名称输入【封头】,文件夹选择压力容器文件夹,单击【确定】,完成封头文件的新建。

2. 草图的设计

单击【菜单】—【插入】—【草图】,弹出【创建草图】对话框。【类型】选择【基于平面】,选择平面 XC-ZC。单击【确定】,进入草图环境。

(1)绘制矩形

单击【矩形】按钮,弹出【矩形】对话框,矩形方法选择【按 2 点】,默认 XY 坐标模式,输入起点坐标 XC=0,YC=0,输入宽度 512,高度 287,完成第 1 个矩形绘制。

（2）绘制椭圆

单击【椭圆】按钮,弹出【椭圆】对话框,如图3-2-4所示,【中心】选项区域【指定点】选择点(0,40,0),【大半径】选项区域【大半径】输入512,【小半径】选项区域【小半径】输入247,【旋转】选项区域【角度】输入0,单击【确定】,完成椭圆绘制。

（3）修剪曲线

单击【快速修剪】按钮,弹出【快速修剪】对话框,选择多余的曲线,如图3-2-5所示,完成草图绘制。单击【完成草图】按钮,完成草图的设计。

3. 旋转封头

单击【旋转】按钮,弹出【旋转】对话框,截面线选项封头草图,【指定矢量】选择ZC轴。开始角度输入0,结束角度输入360,单击【确定】按钮,完成封头的设计。

4. 封头抽壳

单击【抽壳】按钮,弹出【抽壳】对话框,如图3-2-6所示,【类型】选择【开放】,【面】选择封头平面,【厚度】输入12,单击【确定】按钮,完成封头抽壳的设计。

5. 拉伸修剪法兰孔

单击【拉伸】按钮,弹出【拉伸】对话框,截面线选项绘制截面 ⟨图标⟩,进入草图环境,绘制直径265的圆,单击【完成草图】按钮返回【拉伸】对话框。【指定矢量】选择ZC轴。开始距离输入0,结束距离输入300,【布尔】选择【减去】,单击【确定】按钮,完成封头的设计。

6. 保存文件

保存当前文件的操作方法是单击【文件】—【保存】或者按快捷键【Ctrl+S】。

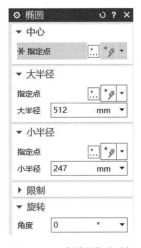

图3-2-4　【椭圆】对话框

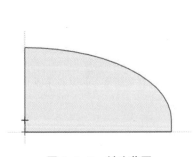

图3-2-5　封头草图

图3-2-6　抽壳对话框

三、接管模型设计

1. 新建文件

单击【文件】—【新建】或者按快捷键【Ctrl+N】,打开【新建】对话框,模板选择【模型】,名称输入【接管】,文件夹选择压力容器文件夹,单击【确定】,完成接管文件的新建。

接管的设计课件

2. 草图的设计

单击【菜单】—【插入】—【草图】，弹出【创建草图】对话框。【类型】选择【基于平面】，选择平面 XC-YC。单击【确定】，进入草图环境。

绘制直线，单击【直线】按钮，弹出【直线】对话框，默认 XY 坐标模式，输入起点坐标 XC＝350，YC＝600，输入长度 300，角度 270，完成直线绘制。单击【完成草图】按钮，完成草图的设计。

接管的设计视频

3. 接管外形

单击【管道】按钮，弹出【管道】对话框，路径选择直线，外径输入 89，内径输入 0，单击【确定】按钮，完成接管外形的设计。

4. 接管螺纹孔

单击【菜单】—【插入】—【设计特征】—【孔】命令，弹出【孔】对话框，【类型】选择【有螺纹】，【形状】选项区域【标准】选择【GB193】，【大小】选择【M42X4.5】，【径向进刀】默认【Custom】，【攻丝直径】输入 37.5，【螺纹深度类型】选择【全长】，点选【右旋】。【位置】选项区域【指定点】选择管道端面中心。【限制】选项区域【深度限制】选择【贯通体】。单击【确定】，完成螺钉孔的设计。

5. 拉伸修剪接管

单击【拉伸】按钮，弹出【拉伸】对话框，截面线选项绘制截面 ⬚，进入草图环境，选择 XC-YC 平面，绘制直径 1012 的圆，单击【完成草图】按钮返回【拉伸】对话框。【指定矢量】选择 ZC 轴。开始距离输入 -50，结束距离输入 50，【布尔】选择【减去】，单击【确定】按钮，完成接管的设计。

6. 保存文件

保存文件时，既可以保存当前文件，也可以另存文件。保存当前文件的操作方法是单击【文件】—【保存】或者按快捷键【Ctrl+S】。

【压力容器的零件模型设计工作单】

计划单

学习情境3	容器类焊接结构件设计		任务2	压力容器的零件模型设计
工作方式	组内讨论、团结协作共同制定计划,小组成员进行工作讨论,确定工作步骤		计划学时	0.5 学时
完成人	1.　　2.　　3.　　4.　　5.　　6.			

计划依据:1.压力容器焊接装配图;2.压力容器零件图

序号	计划步骤	具体工作内容描述
1	准备工作(准备软件、图纸、工具、量具,谁去做?)	
2	组织分工(成立组织,人员具体都完成什么?)	
3	制定焊接装配图识读方案(先识读什么? 再分析什么? 最后分析什么?)	
4	记录识读与分析结果(横梁的结构组成是什么? 每个零件的数量和材料是什么? 如何分析横梁整体结构、如何分析零件结构? 最后分析横梁的焊接信息。)	
5	整理资料(谁负责? 整理什么?)	
制定计划说明	(写出制定计划中人员为完成任务的主要建议或可以借鉴的建议、需要解释的某一方面)	

决策单

学习情境 3	容器类焊接结构件设计	任务 2	压力容器的零件模型设计
决策学时			0.5 学时

决策目的:零部件设计方案对比分析,比较设计质量、设计时间等

	组号 成员	结构完整性 (整体结构)	结构准确性 (零件结构)	焊接工艺性 (焊接信息)	综合评价
工艺方案 对比	1				
	2				
	3				
	4				
	5				
	6				

决策评价	结果:(根据组内成员工艺方案对比分析,对自己的工艺方案进行修改并说明修改原因,最后确定一个最佳方案)

焊接结构件的数字化设计

检查单

学习情境 3	容器类焊接结构件设计	任务 2	压力容器的零件模型设计
	评价学时	课内 0.5 学时	第　组

检查目的及方式　教师全过程监控小组的工作情况,如检查等级为不合格小组需要整改,并拿出整改说明

序号	检查项目	检查标准	检查结果分级 (在检查相应的分级框内画"√")				
			优秀	良好	中等	合格	不合格
1	准备工作	资源是否已查到、材料是否准备完整					
2	分工情况	安排是否合理、全面,分工是否明确					
3	工作态度	小组工作是否积极主动、全员参与					
4	纪律出勤	是否按时完成负责的工作内容、遵守工作纪律					
5	团队合作	是否相互协作、互相帮助、成员是否听从指挥					
6	创新意识	任务完成是否不照搬照抄,看问题是否具有独到见解和创新思维					
7	完成效率	工作单是否记录完整,是否按照计划完成任务					
8	完成质量	工作单填写是否准确,工艺表、程序、仿真结果是否达标					

检查评语		教师签字:

任务评价

小组工作评价单

学习情境 3	容器类焊接结构件设计		任务 2	压力容器的零件模型设计	
评价学时			课内 0.5 学时		
班级			第　　组		
考核情境	考核内容及要求	分值（100）	小组自评（10%）	小组互评（20%）	教师评价（70%）	实得分（$\sum$）
汇报展示（20分）	演讲资源利用	5				
	演讲表达和非语言技巧应用	5				
	团队成员补充配合程度	5				
	时间与完整性	5				
质量评价（40分）	工作完整性	10				
	工作质量	5				
	报告完整性	25				
团队情感（25分）	核心价值观	5				
	创新性	5				
	参与率	5				
	合作性	5				
	劳动态度	5				
安全文明（10分）	工作过程中的安全保障情况	5				
	工具正确使用和保养、放置规范	5				
工作效率（5分）	能够在要求的时间内完成，每超时 5 分钟扣 1 分	5				

小组成员素质评价单

学习情境 3	容器类焊接结构件设计		任务 2	压力容器的零件模型设计		
班级		第　组		成员姓名		
评分说明	每个小组成员评价分为自评和小组其他成员评价 2 部分,取平均值计算,作为该小组成员的任务评价个人分数。评价项目共设计 5 个,依据评分标准给予合理量化打分。小组成员自评分后,要找小组其他成员不记名方式打分					
评分项目	评分标准	自评分	成员 1 评分	成员 2 评分	成员 3 评分	成员 4 评分	成员 5 评分
核心价值观(20 分)	是否有违背社会主义核心价值观的思想及行动						
工作态度(20 分)	是否按时完成负责的工作内容、遵守纪律,是否积极主动参与小组工作,是否全过程参与,是否吃苦耐劳,是否具有工匠精神						
交流沟通(20 分)	是否能良好地表达自己的观点,是否能倾听他人的观点						
团队合作(20 分)	是否与小组成员合作完成任务,做到相互协作、互相帮助、听从指挥						
创新意识(20 分)	看问题是否能独立思考,提出独到见解,是否能够以创新思维解决遇到的问题						
最终小组成员得分							

课后反思

学习情境 3	容器类焊接结构件设计	任务 2	压力容器的零件模型设计
班级		第　　组	成员姓名	
情感反思	通过对本任务的学习和实训,你认为自己在社会主义核心价值观、职业素养、学习和工作态度等方面有哪些需要提高的部分?		
知识反思	通过对本任务的学习,你掌握了哪些知识点?请画出思维导图。		
技能反思	在完成本任务的学习和实训过程中,你主要掌握了哪些技能?		
方法反思	在完成本任务的学习和实训过程中,你主要掌握了哪些分析和解决问题的方法?		

【课后作业】

设计题

　　如图 3-2-7 所示为压力容器的焊接装配图,识读压力容器的结构组成、整体结构图和零部件图;使用 UG NX 软件完成压力容器零部件的三维模型设计,注意结构正确,尺寸准确,设计步骤合理。

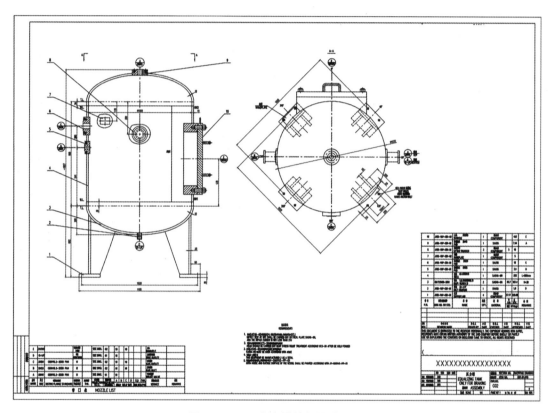

图 3-2-7　压力容器的焊接装配图

图 3-2-7 电子版

任务3　压力容器的装配设计

【任务工单】

学习情境3	容器类焊接结构件设计		任务3		压力容器的装配设计	
任务学时			2学时(课外2学时)			
布置任务						
任务目标	1. 根据压力容器的焊接装配图零件位置关系,分析零部件的装配顺序; 2. 根据零部件的装配顺序,制定装配设计方案; 3. 使用UG NX软件,完成压力容器的装配设计					
任务描述	压力容器是容器类焊接结构件,某发电设备制造公司的焊接工艺部接到一项压力容器焊接生产任务。焊接工艺员根据压力容器的零部件的位置关系,编制压力容器的装配设计方案,并使用UG NX软件完成所有零部件的装配设计,保证压力容器装配的位置正确、尺寸准确					
学时安排	资讯 0.2学时	计划 0.2学时	决策 0.1学时	实施 1学时	检查 0.2学时	评价 0.3学时
提供资源	1. 压力容器焊接装配图; 2. 电子教案、课程标准、多媒体课件、教学演示视频及其他共享数字资源; 3. 压力容器模型; 4. 游标卡尺等工具和量具					
对学生学习及成果的要求	1. 具备压力容器装配图的识读能力; 2. 严格遵守实训基地各项管理规章制度; 3. 对比压力容器零件三维模型与装配图,分析结构是否正确,尺寸是否准确; 4. 每名同学均能按照学习导图自主学习,并完成课前自学的问题训练和自学自测; 5. 严格遵守课堂纪律,学习态度认真、端正,能够正确评价自己和同学在本任务中的素质表现; 6. 每位同学必须积极参与小组工作,承担分析装配顺序、制定装配设计方案、装配设计等工作,做到积极主动不推诿,能够与小组成员合作完成工作任务; 7. 每位同学均需独立或在小组同学的帮助下完成任务工作单、装配设计文件等,并提请检查、签认,对提出的建议或有错误之处务必及时修改; 8. 每组必须完成任务工单,并提请教师进行小组评价,小组成员分享小组评价分数或等级; 9. 每名同学均完成任务反思,以小组为单位提交					

【学习导图】

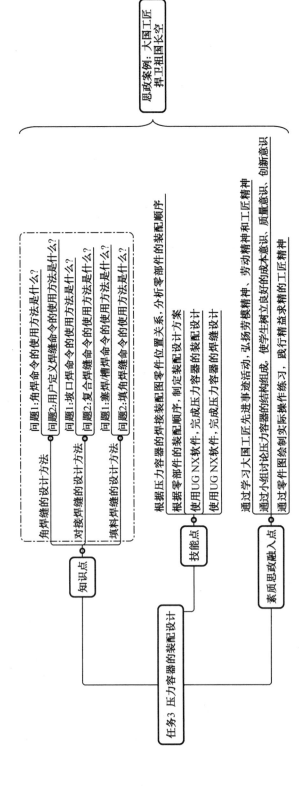

【课前自学】

知识点1　角焊缝的设计方法

一、角焊命令的使用方法

角焊缝的设计方法

使用角焊缝命令通过添加材料来将两个板焊接在一起以形成T形接头、搭接接头或角接头。

1. 角焊的对话框

单击【焊接助理】—【角焊】按钮,弹出【角焊】对话框,如图3-3-1所示。

角焊命令的使用方法

延伸边:包括手动和自动两种。

构造方法:包括默认和绕对象滚动两种。

选择面集1:为角焊缝的第一侧选择一个或多个面。

选择面集2:为角焊缝的第二侧选择一个或多个面。

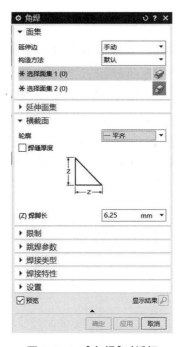

图3-3-1　【角焊】对话框

2. 角焊的设计步骤

第1步:【延伸边】选择【手动】。

第2步:【构造方法】选择【默认】。

第3步:【面集】选项区域,【选择面集1】选择面1,【选择面集2】选择面2。

第4步:【横截面】选项区域,【轮廓】选择【平齐】,勾选【根部间隙】,输入数值。

第5步,单击【确定】,完成角焊设计。

二、用户定义焊缝命令的使用方法

当定义无法使用标准焊缝特征方法创建的自定义焊缝时,使用用户定义焊缝。这类焊缝需要在建模环境中,自定义设计焊缝实体,之后使用用户定义焊缝命令,将建模实体定义成焊缝实体。

用户定义焊缝命令
的使用方法

1.用户定义焊缝的对话框

单击【焊接助理】—【用户定义焊缝】按钮,弹出【用户定义焊缝】对话框,如图 3-3-2 所示。

图 3-3-2 【用户定义焊缝】对话框

焊接体:选择实体来创建用户定义的焊缝。

焊接边:从实体中选择一条或多条边。

相连部件:选择代表用户定义焊缝的连接零件的面。

2.用户定义焊缝的设计步骤

第 1 步:【焊接体】选择在建模环境中设计的焊缝结构。

第 2 步:【焊接边】选择一条相交边。

第 3 步:【相连部件】选项区域,【选择面】选择相邻面。

第 4 步:单击【确定】,完成用户定义焊缝设计。

知识点 2 对接焊缝的设计方法

一、坡口焊命令的使用方法

使用坡口焊接命令准备边缘并使用指定的横截面形状将两个对接板焊接在一起。坡口焊缝是整个制造过程中用于连接对接板的常见焊缝。坡口焊缝可以有多种形状,例如对接、J 型坡口或 V 型坡口。可以在简单面和复杂面上(例如轮廓面或不平坦面)创建坡口焊缝。可以围绕管子或圆柱体创建线性坡口焊缝(恒定或多段)和闭环焊缝。

对接焊缝的设计方法

1.坡口焊的对话框

单击【焊接助理】—【坡口焊】按钮,弹出【坡口焊】对话框,如图 3-3-3 所示。

坡口焊命令的
使用方法

类型:指定坡口焊缝类型,主要有对接、V 型坡口、Y 型坡口等。

边缘处理:指定是否准备用于创建焊缝的边。

图 3-3-3　【坡口焊】对话框

整个长度:沿整个长度准备边缘。

选择面集 1:为坡口焊缝的第一侧选择一个或多个面。

选择面集 2:为坡口焊缝的第二侧选择一个或多个面。

2. 坡口焊的设计步骤

第 1 步:【类型】选择 V 型坡口焊。

第 2 步:【接边处理】选项区域,【现有边】选择【未预处理】,【准备边】选择【全长】。

第 3 步:【面集】选项区域,【选择面集 1】选择平面 1,【选择面集 2】选择平面 2。

第 4 步:【横截面】选项区域,【轮廓】选择【平齐】,勾选【根部间隙】,输入数值。

第 5 步,单击【确定】,完成坡口焊设计。

二、复合焊接命令的使用方法

使用复合焊接命令将多个焊缝合并为单个焊缝。创建复合焊缝必须满足的先决条件是外焊缝必须是角焊缝,如果存在,内部焊缝必须是平口、V 型、J 型的坡口焊缝;外部焊缝可以具有指定的焊接光洁度,但内部焊缝不能;内焊缝和外焊缝都必须是连续焊缝;一根复合焊缝中的所有焊缝应至少有一个公共连接部分;单个焊缝不能环绕在两侧。

复合焊接命令
的使用方法

1. 复合焊接的对话框

单击【焊接助理】—【复合焊接】按钮,弹出【复合焊接】对话框,如图 3-3-4 所示。

第 1 侧:选择最多两个焊缝添加到第 1 侧。

第 2 侧:选择最多两个焊缝添加到第 2 侧。

2. 复合焊接的设计步骤

第 1 步:【第 1 侧】选择焊缝 1。

第 2 步:【第 2 侧】选择焊缝 2。

第 3 步:单击【确定】,完成复合焊缝设计。

图 3-3-4 【复合焊接】对话框

知识点 3 填料焊缝的设计方法

填料焊缝的设计方法

一、塞焊/槽焊命令的使用方法

使用塞焊/槽焊命令将两个重叠板焊接在一起,并使用现有孔或槽填充焊缝。使用塞焊通过孔将一块材料的表面连接到另一块材料的表面。该孔可以部分或完全填充有焊接金属。使用槽焊通过矩形槽将一块材料的表面连接到另一块材料的表面。矩形槽必须完全充满焊缝金属。

1. 塞焊/槽焊的对话框

单击【焊接助理】—【塞焊/槽焊】按钮,弹出【塞焊/槽焊】对话框,如图 3-3-5 所示。

图 3-3-5 【塞焊/槽焊】对话框

【面】选择插头/插槽特征的顶面和底面。

【孔/槽】指定要为其创建焊接特征的孔或槽口的边缘。

【横截面】轮廓设置塞/槽焊缝的轮廓。

【无】创建具有未指定焊接表面的塞/槽焊缝。必须指定填充深度的值。

【凸面】创建具有凸形轮廓焊缝表面的塞/槽焊缝。

2. 塞焊/槽焊的设计步骤

第1步:【面】选项区域,【选择顶面】选择孔的顶面,【选择底面】选择孔的底面。

第2步:【孔/槽】选项区域,【选择边】选择孔的上表面边缘。

第3步:【横截面】选项区域,【轮廓】选择平齐,【填充深度】输入数值。

第4步:单击【确定】,完成塞焊/槽焊设计。

二、填角焊缝命令的使用方法

使用【填充】命令创建定义密封剂填充的区域。可以加厚现有零件的面上的指定边界以创建填充特征。

1. 填角焊的对话框

单击【焊接助理】—【填角焊】按钮,弹出【填角焊】对话框,如图3-3-6所示。

填角焊缝命令的
使用方法

图3-3-6 【填角焊】对话框

【放置体】指定要在其上放置密封剂的板材体或实体的面。必须为要在其上创建填充特征的每个实体至少选择一个种子面。指定方位是使用局部 XC、YC 向量指定沿 ZC 方向的投影以及平面密封件的矩形方向。

【边界】使用闭环生成填充区域的边界。【矩形】指定矩形填充区域,投影在放置主体上。【曲线】使用点构造函数指定闭合边界。投影方向沿着动态坐标系的 ZC 矢量。如果投影到物体上,并且可能有两个闭环解,则使用沿 ZC 轴最远的环。

【内边界】填充物流入内部区域。

2.填角焊的设计步骤

第1步:【放置体】选项区域,选择放置曲面。

第2步:【边界】选项区域,选择【矩形】或者【曲线】。

第3步:【内边界】选项区域,选择内孔边。

第4步:单击【确定】,完成填角焊设计。

【大国工匠】

查一查:"焊卫祖国长空"的大国工匠是谁?这位大国工匠是如何"焊卫祖国长空"的?

【自学自测】

一、单选题(只有一个正确答案,每题15分)

1.使用_____命令通过添加材料来将两个板焊接在一起以形成T形接头、搭接接头或角接头。 ( )

    A.复合焊   B.角焊缝   C.塞焊   D.填角焊

2.使用_____命令将两个重叠板焊接在一起,并使用现有孔或槽填充焊缝。 ( )

    A.复合焊   B.角焊缝   C.塞焊   D.填角焊

3.使用_____命令创建定义密封剂填充的区域。 ( )

    A.复合焊   B.角焊缝   C.塞焊   D.填角焊

4.使用_____命令将多个焊缝合并为单个焊缝。 ( )

    A.复合焊   B.角焊缝   C.塞焊   D.填角焊

5.使用_____通过孔将一块材料的表面连接到另一块材料的表面。 ( )

    A.复合焊   B.角焊缝   C.塞焊   D.填角焊

二、多选题(有至少2个正确答案,每题25分)

1.坡口焊缝可以有多种形状,例如_____。 ( )

    A.J型坡口   B.V型坡口   C.Y型坡口   D.平接型坡口

【任务实施】

根据压力容器的焊接装配图,分析压力容器的零部件之间的位置关系,制定压力容器的装配设计方案,使用软件完成压力容器的装配设计。

1.新建装配文件。

单击【文件】—【新建】,打开新建文件对话框。模板选择【装配】,名称输入"压力容器",文件夹选择压力容器文件夹,单击【确定】,完成压力容器装配文件的新建。

2.装配筒体。

筒体是第一个零件,只需一个命令。使用【添加组件】命令,加载筒体文件,筒体的坐标系与压力容器总装配体的坐系一致,完成筒体的装配。

3. 装配上封头

观察上封头的位置,与筒体端面接触并对齐。先使用【添加组件】命令,加载上封头文件;再使用装配约束命令,约束上封头与筒体接触,轴心线对齐,完成上封头的装配。

单击【菜单】—【装配】—【组件位置】—【装配约束】按钮,弹出【装配约束】对话框,【约束类型】选择【接触对齐】,【方位】选择【接触】,选择筒体上端面和上封头下表面。【约束类型】选择【接触对齐】,【方位】选择【自动判断中心/轴】,选择筒体和上封头轴线,单击【确定】按钮,如表3-3-1所示完成上封头的装配。

表 3-3-1 上封头的装配约束

接触对齐	接触对齐	装配结果
接触的两个面	自动判断中心/轴选择两个轴线	

4. 装配下封头

下封头的位置与上封头的位置相反,先使用【添加组件】命令,加载下封头文件;再使用移动组件命令,将下封头旋转180°。最后使用【装配约束】命令,约束下封头与筒体接触,轴心线对齐,完成下封头的装配。(也可以使用【镜像装配】命令)

5. 装配上法兰

上法兰的位置与上封头接触并轴心对齐。先使用【添加组件】命令,加载上法兰文件;再使用装配约束命令,约束上法兰与上封头接触,轴心线对齐,并约束距离,完成上法兰的装配。

单击【菜单】—【装配】—【组件位置】—【装配约束】按钮,弹出【装配约束】对话框,【约束类型】选择【接触对齐】,【方位】选择【对齐】,选择上法兰和上封头的基准平面。【约束类型】选择【距离】,输入482,选择上封头下端面和上封头上表面,单击【确定】按钮,如表3-3-2所示完成上法兰的装配。

表 3-3-2 上法兰的装配约束

接触对齐	接触对齐	距离	装配结果
对齐的两个面	对齐的两个面	选择的两个面	

6. 装配下法兰

下法兰的位置与上法兰的位置相反,借鉴下封头的装配方法,先使用【添加组件】命令,加载下法兰文件;再使用移动组件命令,旋转下法兰;最后使用装配约束命令,约束下法兰与上封头接触,轴心线对齐,并约束距离,完成下法兰的装配。

7. 装配人孔法兰

法兰的位置在筒体的侧面,与筒体接触。先使用【添加组件】命令,加载这个法兰文件;再使用移动组件命令,旋转法兰;最后使用装配约束命令,约束法兰与筒体接触,法兰与孔轴心线对齐,并约束法兰的上表面到筒体中心距离,完成法兰的装配。

单击【菜单】—【装配】—【组件位置】—【装配约束】按钮,弹出【装配约束】对话框,【约束类型】选择【接触对齐】,【方位】选择【对齐】,选择筒体和人孔封头的基准平面。【约束类型】选择【距离】,选择筒体基准面和人口封头上表面,单击【确定】按钮,如表3-3-3所示完成人孔法兰的装配。

表3-3-3　人孔法兰的装配约束

接触对齐	距离(320)	距离(632)	装配结果
对齐的两个面	选择的两个面	选择的两个面	

8. 装配耳座

耳座的位置在筒体的表面。先使用【添加组件】命令,加载耳座文件;再使用装配约束命令,约束耳座与筒体接触,并约束耳座的上表面到筒体中心距离,完成耳座的装配。

单击【菜单】—【装配】—【组件位置】—【装配约束】按钮,弹出【装配约束】对话框,【约束类型】选择【接触对齐】,【方位】选择【接触】,选择筒体侧面和耳座侧面。【约束类型】选择【距离】,输入912,选择筒体基准面和耳座上表面,单击【确定】按钮,如表3-3-4所示完成耳座的装配。

表3-3-4　耳座的装配约束

接触对齐	接触对齐	距离	装配结果
接触的两个面	对齐的两个面	选择的两个面	

9.装配接管

接管的位置与筒体接触。先使用【添加组件】命令,加载接管文件;再使用装配约束命令,约束接管与筒体接触,并约束接管与筒体中心距离,完成接管的装配。

单击【菜单】—【装配】—【组件位置】—【装配约束】按钮,弹出【装配约束】对话框,【约束类型】选择【接触对齐】,【方位】选择【对齐】,选择筒体基准面和接管基准面。【约束类型】选择【距离】,选择筒体和接管轴线,单击【确定】按钮,如表3-3-5所示完成接管的装配。

表3-3-5　接管的装配约束

距离(350)	距离(600)	距离(684)	装配结果
选择的两个面	选择的两个面	选择的两个面	

10.保存装配文件

保存当前装配文件的操作方法是单击【文件】—【保存】—【全部保存】。

【压力容器的装配设计工作单】

计划单

学习情境3	容器类焊接结构件设计		任务3	压力容器的装配设计	
工作方式	组内讨论、团结协作共同制定计划,小组成员进行工作讨论,确定工作步骤		计划学时	0.5学时	
完成人	1.　　　2.　　　3.　　　4.　　　5.　　　6.				

计划依据:1.压力容器焊接装配图;2.压力容器装配设计方案

序号	计划步骤	具体工作内容描述
1	准备工作(准备软件、图纸、工具、量具,谁去做?)	
2	组织分工(成立组织,人员具体都完成什么?)	
3	制定焊接装配图识读方案(先识读什么?用分析什么?最后分析什么?)	
4	记录识读与分析结果(横梁的结构组成是什么?每个零件的数量和材料是什么?如何分析横梁整体结构?如何分析零件结构?最后分析横梁的焊接信息。)	
5	整理资料(谁负责?整理什么?)	
制定计划说明	(写出制定计划中人员为完成任务的主要建议或可以借鉴的建议、需要解释的某一方面)	

决策单

学习情境 3	容器类焊接结构件设计	任务 3	压力容器的装配设计
决策学时			0.5 学时

决策目的:压力容器装配设计方案对比分析,比较装配质量、装配时间等

	组号 成员	结构完整性 (整体结构)	结构准确性 (零件结构)	焊接工艺性 (焊接信息)	综合评价
工艺方案 对比	1				
	2				
	3				
	4				
	5				
	6				
决策评价	结果:(根据组内成员工艺方案对比分析,对自己的工艺方案进行修改并说明修改原因,最后确定一个最佳方案)

检查单

学习情境3	容器类焊接结构件设计		任务3	压力容器的装配设计
评价学时		课内 0.5 学时		第　　组

检查目的及方式	教师全过程监控小组的工作情况,如检查等级为不合格小组需要整改,并拿出整改说明

序号	检查项目	检查标准	检查结果分级 (在检查相应的分级框内画"√")				
			优秀	良好	中等	合格	不合格
1	准备工作	资源是否已查到、材料是否准备完整					
2	分工情况	安排是否合理、全面,分工是否明确					
3	工作态度	小组工作是否积极主动、全员参与					
4	纪律出勤	是否按时完成负责的工作内容、遵守工作纪律					
5	团队合作	是否相互协作、互相帮助、成员是否听从指挥					
6	创新意识	任务完成是否不照搬照抄,看问题是否具有独到见解和创新思维					
7	完成效率	工作单是否记录完整,是否按照计划完成任务					
8	完成质量	工作单填写是否准确,工艺表、程序、仿真结果是否达标					

检查 评语		教师签字:

任务评价

小组工作评价单

学习情境 3	容器类焊接结构件设计		任务 3	压力容器的装配设计		
评价学时			课内 0.5 学时			
班级			第　　　组			
考核情境	考核内容及要求	分值 (100)	小组自评 (10%)	小组互评 (20%)	教师评价 (70%)	实得分 ($\sum$)
汇报展示 (20分)	演讲资源利用	5				
	演讲表达和非语 言技巧应用	5				
	团队成员补充配 合程度	5				
	时间与完整性	5				
质量评价 (40分)	工作完整性	10				
	工作质量	5				
	报告完整性	25				
团队情感 (25分)	核心价值观	5				
	创新性	5				
	参与率	5				
	合作性	5				
	劳动态度	5				
安全文明 (10分)	工作过程中的安 全保障情况	5				
	工具正确使用和 保养、放置规范	5				
工作效率 (5分)	能够在要求的时间内完 成，每超时 5 分钟扣 1 分	5				

小组成员素质评价单

学习情境 3	容器类焊接结构件设计		任务 3		压力容器的装配设计		
班级		第　　　组		成员姓名			
评分说明	每个小组成员评价分为自评和小组其他成员评价 2 部分,取平均值计算,作为该小组成员的任务评价个人分数。评价项目共设计 5 个,依据评分标准给予合理量化打分。小组成员自评分后,要找小组其他成员不记名方式打分						

评分项目	评分标准	自评分	成员 1 评分	成员 2 评分	成员 3 评分	成员 4 评分	成员 5 评分
核心价值观 (20分)	是否有违背社会主义核心价值观的思想及行动						
工作态度 (20分)	是否按时完成负责的工作内容、遵守纪律,是否积极主动参与小组工作,是否全过程参与,是否吃苦耐劳,是否具有工匠精神						
交流沟通 (20分)	是否能良好地表达自己的观点,是否能倾听他人的观点						
团队合作 (20分)	是否与小组成员合作完成任务,做到相互协作、互相帮助、听从指挥						
创新意识 (20分)	看问题是否能独立思考,提出独到见解,是否能够以创新思维解决遇到的问题						
最终小组成员得分							

课后反思

学习情境3	容器类焊接结构件设计	任务3	压力容器的装配设计
班级	第　　组	成员姓名	
情感反思	通过对本任务的学习和实训,你认为自己在社会主义核心价值观、职业素养、学习和工作态度等方面有哪些需要提高的部分?		
知识反思	通过对本任务的学习,你掌握了哪些知识点?请画出思维导图。		
技能反思	在完成本任务的学习和实训过程中,你主要掌握了哪些技能?		
方法反思	在完成本任务的学习和实训过程中,你主要掌握了哪些分析和解决问题的方法?		

【课后作业】

设计题

    如图 3-3-7 所示为压力容器的焊接装配图,分析压力容器的零部件之间的位置关系;使用 UG NX 软件完成压力容器的装配设计,注意装配位置正确,尺寸准确,装配步骤合理。

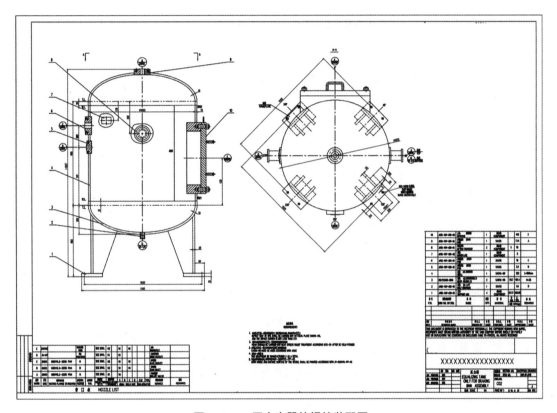

图 3-3-7 压力容器的焊接装配图

图 3-3-7 电子版

【自学自测】参考答案

学习情境1　任务1　自学自测答案

一、单选题(只有1个正确答案,每题5分)

1. B　2. B　3. A　4. B

二、多选题(有至少2个正确答案,每题20分)

1. AB　2. AC　3. ABCD　4. ABCD

学习情境1　任务2　自学自测答案

一、单选题(只有1个正确答案,每题10分)

1. A　2. B　3. C　4. B

二、多选题(有至少2个正确答案,每题20分)

1. ACD　2. AC　3. ABCD

学习情境1　任务3　自学自测答案

一、单选题(只有1个正确答案,每题10分)

1. B　2. B　3. A

二、多选题(有至少2个正确答案,每题20分)

1. ABCD　2. ABC　3. ABCD

三、判断题(对的划√错的划×,每题10分)

1. ×

学习情境2　任务1　自学自测答案

一、单选题(只有1个正确答案,每题10分)

1. B　2. C　3. D　4. B

二、多选题(有至少2个正确答案,每题20分)

1. ABCD　2. BC　3. ABCD

学习情境2　任务2　自学自测答案

一、单选题(只有1个正确答案,每题10分)

1. C　2. B　3. A　4. C

二、多选题(有至少2个正确答案,每题20分)

1. ABD　2. AC　3. AD

学习情境2　任务3　自学自测答案

一、单选题(只有1个正确答案,每题10分)

1. C　2. B

二、多选题(有至少2个正确答案,每题20分)

1. BC　2. ABCD

三、判断题(每题20分)

1. √　2. ×

学习情境3　任务1　自学自测答案

一、单选题(只有1个正确答案,每题10分)

1. C　2. A　3. B　4. D

二、多选题(有至少2个正确答案,每题20分)

1. ABCD　2. ABC　3. ABCD

学习情境3　任务2　自学自测答案

一、单选题(只有1个正确答案,每题15分)

1. B　2. A　3. D　4. C

二、多选题(有至少2个正确答案,每题10分)

1. ABCD

学习情境3　任务3　自学自测答案

一、单选题(只有1个正确答案,每题15分)

1. B　2. C　3. D　4. A　5. C

二、多选题(有至少2个正确答案,每题25分)

1. ABCD

参 考 文 献

[1] 中船舰客教育科技(北京)有限公司. 特殊焊接技术[M]. 北京:高等教育出版社,2020.

[2] 许莹. 焊接生产基础[M]. 3 版. 北京:机械工业出版社,2021.

[3] 冯菁菁. 焊接结构生产[M]. 北京:机械工业出版社,2022.

[4] 高玉芬. 机械制图(非机械专业)[M]. 6 版. 北京:机械工业出版社,2022.

[5] 韦晓航,覃秀凤. UG NX 机械设计项目教程[M]. 北京:中国铁道出版社,2019.

[6] 戚春晓. UG NX12.0 机电产品三维数字化设计实例教程[M]. 西安:西安电子科技大学出版社,2023.